新
思
THINKR

有思想和智识的生活

[美] 爱德华·威尔逊 著

王惟芬 译

给年轻科学家的信

LETTERS TO
A YOUNG SCIENTIST

中信出版集团 | 北京

图书在版编目（CIP）数据

给年轻科学家的信 /（美）爱德华·威尔逊著；王惟芬译. -- 北京：中信出版社，2019.9

书名原文：Letters to a Young Scientist

ISBN 978-7-5217-0563-8

Ⅰ.①给… Ⅱ.①爱…②王… Ⅲ.①生物学—普及读物Ⅳ.① Q-49

中国版本图书馆 CIP 数据核字 (2019) 第 088001 号

给年轻科学家的信

著　　者：［美］爱德华·威尔逊
译　　者：王惟芬
出版发行：中信出版集团股份有限公司
　　　　　（北京市朝阳区惠新东街甲4号富盛大厦2座　邮编　100029）
承 印 者：河北鹏润印刷有限公司

开　　本：880mm×1230mm　1/32　　印　张：7.5
字　　数：84千字
版　　次：2019年9月第1版　　　　印　次：2019年9月第1次印刷
京权图字：01−2019−3195　　　　　广告经营许可证：京朝工商广字第8087号
书　　号：ISBN 978−7−5217−0563−8
定　　价：48.00元

献给我的良师益友

拉尔夫·L.谢马克

威廉·L.布朗

目 录

普通圆球虫,一种单细胞海洋生物。修改自加州大学戴维斯分
校的霍华德·J.斯佩罗的照片

和声威尔逊

前辈的经验之谈是后生应该听取和重视的，何况这里的经验是一位名满科学殿堂的长者，从事科学研究半个世纪的结晶。而本文是在下郑某以 70 年虚度之经验推介 85 岁（本书出版时作者的年龄）的威尔逊（生于 1929 年）的经验之谈。

我在讲授如何写论文（后结书为《论文与治学》）时说，能写好论文的第一要素是非常想写好论文，如同能升官的第一要素是非常想升官，能发财的第一要素是非常想发财。但三个"非常想"的背后的动力是不同的。升官与发财的动力绝大多数是功利。而仅凭功利，不足以为学者注入充沛的动力。做学术靠兴趣，这是敝人与威尔逊的高度共识。原因是从功利出发每每走向机会主义：官场中升迁不成就下海吧，这生意发不了财就换个行业嘛。而做学术需要持久的专注，故唯有兴趣可以做其不衰的动力。

时下的中国学生过于重视毕业后的收入。我想告诫他们：这是上辈人穷疯了的思想方式之遗留。以科技做推动的人类经济呈加速度发展趋势。待你学有所成之时，姑且算作十余年后，体面的生活当不成问题。而学有所成的支点是兴趣而非功利。所以不要委屈了自己的兴趣。那是你智力成长，乃至有尊严地出人头地的支点。

　　考官和正在选择方向的考生大多关心的一个问题是：搞科学需要哪些素质。威尔逊告诉我们，数学并非关键；除了粒子物理学、天文物理学，其他学科对数学的倚重并不很大；连达尔文都承认自己数学不好——这是敝人首次听到，吃惊不小。数学是考官一向倚重的法宝，说数学其实不重要，不知考官们该如何是好，我们不去管它。威尔逊告诉我们，对科学研究来说"形成概念"的能力更重要。这可是含金量极大的观点。各位好好体会吧。接下来威尔逊说：

　　　　见过许多领域中杰出的研究人员后，我认为理想的科学家只要有中高等智商就够了，聪明到知道哪些研究可以做，但不至于聪明到厌倦研究。就我所知，有两位诺贝尔奖得主，其研究都是非常具有原创性和影响力的，一位是分子生物学家，另一位是理论物理学家，他们在开始从事科学研究时，智商为 120 左右（我自己开始投入研究时智商也才 123 而已）。据说达尔文的智商在 130 上下。

这说法算不上新鲜。早有门槛理论告诉我们，智商 120 是个门槛，在其下难有创造力，而在 120 以上则创造性与智商无关。难得的是威尔逊企图深入思考为何很多高智商者搞不了科研。他说：

> 对高智商的人来说，在早期的训练阶段，凡事都太过容易。他们通常不费吹灰之力就能完成大学的科学课程，没有办法从烦琐而重复的数据收集和分析工作中得到许多乐趣。……必须要具备一种特征，能够享受长时间学习和研究的乐趣，即便有时候一切努力都付诸流水，这就是要跻身一流科学家行列的代价。

对此他开了个好头，当然远未解开这个奥秘。少年期什么样的环境对哺育一个日后的科学家最好？威尔逊说：

［九岁时］我们举家从南方搬到华盛顿特区。……搬去那里的第一个夏天，我还是独自一人，时间完全是自己的。没有沉闷的钢琴课，没有无聊的探亲，没有暑期学校与旅行团，也没有电视和男孩俱乐部，什么都没有，这真的是太棒了！

这对今天众多的中国父母，当为棒喝。威尔逊对已经进入科研领域的新来者的告诫是：

尽量避开系级行政工作（除了担任论文审查委员会主席），无论是用借故搪塞、主动逃避、诚心恳求还是合理交换。多花时间去关心有天赋并且对你的研究领域感兴趣的学生，聘用他们当助理，这样对彼此都有帮助。周末时多休息，转换一下心情，但不要度长假。真正的科学家是不度长假的。

为什么那么多中国学者反其道行之，愿意做学术官僚？我猜测原因有二。其一，那是捞取荣誉、地位和利益的捷径。其二，他们对学术没那么热爱，对自己的学术能力没那么自信。如此，他们离开科研似不足惜。但在当今中国，只有最痴迷学术的人才会断然拒绝做学术官僚，喜欢但不痴迷的学者多半会被官职吸引。于是仅靠人格的力量是不够的，要以制度来抑制学术官僚的荣誉、地位，不使有才华的学者对官职趋之若鹜。如此，学术界才有正常的生态。

学术荣誉问题在本书最后一节"学术伦理"中被再次讨论，而且他认为那其实是科学伦理的重头，而人造生物这类东西是多数学者不会碰到的。他说：

容我再提醒你一次，原创发现是最有分量的。说得更直接一点：只有原创发现才算数。原创发现是科学界的金银岛。因此，如何适当地划分功劳，不仅是道义责任，也是信息自由交流和维持整个科学界友好气氛的关键。研究人员都期待自己的原创研究被认可，就算不是举世皆知，至少也要在自己的领域中获得名声，这完全是合情合理的。……正如詹姆斯·卡格尼在谈到他的演艺生涯时所讲的："你究竟有多棒，要别人说了才算数。"

……所以在阅读和引用文献时，请小心谨慎，将每一项发现、每一个想法都归功于应得的人，并要求他人也做到这一点。让研究人员实至名归，这件事情意义非凡。

威尔逊还告诉后生，不要因当今科学成果加速度涌现，就惧怕你进入后没什么好研究的了。他说，正相反，可研究的题目越来越多。他还说，走到一个阶段，科学发现的速度会大大地放慢，不过那还远，你赶不上。我不知道他这么说的根据是什么，能这么看真是乐观。我倒觉得，我们唯一可以想象的是，我们无法想象人类认知的速度会放慢。人类很可能是地球上迄今为止唯一的智能生物。因此，成也智能，亡也智能，合情合理。我以为，它将亡于其凭借智能利器的发现。因为其越来越多的发现中埋伏着越来越大的风险。没有一种力量能阻挡这个智能物种去发现，故没有一种力量能阻挡它如此走上绝路。我一点都不觉得我这么看是悲观。相反，觉得如此灭绝，无限凄美。此亦为我对威尔逊唱腔的和声。

威尔逊说着说着，不觉转向了他本人研究的腹地，他是博物学家出身，且自命为演化生物学的中坚分子。他在第十八、第十九封信中，以极简的方式勾勒出自马修、达林顿，到麦克阿瑟和他自己的这一脉络。这一部分，既与治学经验结合，又有独立的阅读价值，由此可了解这派学者如何以博物学的视角洞察进化。对这一思路感兴趣的读者，不可放过。

郑也夫，北京大学教授

2019 年 8 月 9 日

你做了正确的选择

亲爱的朋友：

　　我在科学界任教长达半个世纪，接触过许多学生和年轻的专业人才，对于自己能够指导许许多多才华横溢、雄心勃勃的年轻人，我感到莫大荣幸。这段经历让我体认到，任何人想要在科学界成功闯出一片天，都必须先明白一些观念，这些观念算得上一整套哲学。在接下来这些信中，我将和你分享一些想法和故事，衷心希望你能从中受益。

　　首先也是最重要的一点，我希望你竭尽所能地坚持下去，继续留在你选择的这条路上，因为这世界非常非常需要你。人类目前已完全进入科技时代，不可能回头了。虽然各学科发展的速度不尽相同，但基本上，科学知识的成长速率大约是每 15 年至 20 年增加一倍，从 17 世纪科学革命以来就是如此，因此至今累积了如此惊人的知识量。而且，就像只要给予足够时间就能无限增长的指数性成长一样，它十年接十年地以近乎垂直的趋势向上攀升，尖端科技也以旗鼓相当的速度发展。科学和技术形成紧密的共同体，渗透到我们生活的每个层面。没有什么科学奥秘可以长久隐藏，任何人随时随地都可一窥究竟。网络和其他各种数字科技打造出的交流方式不仅是全球性的，也是即时性的。要不了多久，只要敲几下键盘，就可以取得所有已公之于世的科学和人文知识。

或许这说法有点夸张（我个人对此倒是深信不疑），所以我在此会提供一个知识巨大飞跃的范例，而且我曾很幸运地亲身参与此事。这个例子发生在生物分类学领域，这是个长久以来被视为过时而发展缓慢的古老学科，直到最近才改观。这一切要回到公元 1735 年，从瑞典博物学家卡尔·林奈说起，他在 18 世纪和牛顿齐名。林奈启动了一项有史以来最大胆的研究计划——他打算调查地球上的每一种动植物，并予以分类。为了简便易行，他在 1759 年开始以两个拉丁文单词构成的"双名法"来为每个物种命名，例如将家犬命名为 *Canis familiaris*，将美国红枫命名为 *Acer rubrum*。

林奈完全不知道他给自己的这项任务有多么艰巨，也对全球物种数量的量级毫无概念，不确定究竟是有 1 万、10 万还是有 100 万种。身为植物学家，他猜测植物总共约为 1 万种——显然，他对热带地区的物种多样性一无所知。今日已分类的植物是 31 万种，预计总量则为 35 万种。若再加上动物和真菌，我们目前已知的物种已超过 190 万种，预计最终可能超过 1 000 万种。至于细菌这类物种的多样性，我们所知甚少，目前（2013 年）辨认出的种类只有约 1 万种，但这数字正在增长，全球物种名录里可能会增添数百万笔数据。从这个角度看来，在距离林奈的时代已有 250 年之久的今天，我们关于全球物种的知识仍然少得可怜。

对生物多样性认识不足，不只是专家学者的问题，也是其他所有人的问题。如果我们对这个星球认识得这么少，那要如何管理它，使其永远发展呢？

就在不久之前，解决方案似乎还是遥不可及的。科学家们再怎么勤奋，每年也只能确定约 1.8 万个新物种。若以这样的速度继续下去，要等上两个世纪或更长的时间，才能认识地球上所有的物种，这几乎跟从林奈的时代到现在一样久。是什么原因造成这个瓶颈？在过去，这被视为难以解决的技术层面问题。由于历史因素，大量参考标本和相关文献存放在少数几间位于西欧和北美城市的博物馆里，任何人想要从事分类学的基础研究，都必须亲身造访这些遥远的地方。唯一的替代方案是邮寄标本和文献，但这不只浪费时间，而且风险甚大。

跨入 21 世纪之际，生物学家试图找出在某种程度上可以解决这个问题的技术。我在 2003 年提出了一套现在看起来理所当然的解决方案：打造一套在线生物百科全书，收纳所有物种的数字化信息，以及所有参考样本的高分辨率照片，并且持续更新。这套系统将是开放式资源，由各领域的专业审查人，例如蜈蚣专家、树皮甲虫专家或是针叶树专家等等，负责增补筛选新条目。这项计划在 2005 年获得资助，和"国际海洋生物普查计划"一同推动了分类学的发展，也连带使生物学里那些依赖分类精确性的分支学科受益进步。在我撰写本书之际，地球上超过半数的已知物种的信息都已纳入这套在线百科全书，不论何时何地，任何人只要输入网址（eol.org）就能免费读取这些信息。

生物多样性研究的进步如此神速，其他每门学科也都来到了重大的转折点，因此我们难以预见它们在未来十年会发生怎样的科技革命。当然，新发现和知识积累的爆炸性增长趋势必然会达到高峰，然后趋缓，但这并不会对你造成什么影响，因为这场革命至少会延续大半个 21 世纪。在此期间，世界将变得与今日大不相同，传统的研究方法会彻底转变，超乎我们今日的眼界。在这段过程中，新的研究领域将开创出来：基于科学发展的技术提升，基于技术提升的科学发展，还有基于技术与科学进展而诞生的新产业。最后，所有的科学终将统合，每个学科之间都能相互诠释援引，任何人只要受过适当的指导，掌握了原理和法则，就能优游其中。

在接下来的几封信里，我将说明科学以及科学生涯是怎么一回事，这不会是老掉牙的东西，而是尽可能以我个人的研究和教学经验描绘真实画面，告诉你，如果你立志投身于科学之路，你面前真正的挑战和奖赏会是什么。

1940 年"动物学"荣誉徽章标志。摘自《童子军手册》(*Boy Scout Handbook*),美国童子军,第四版(1940 年)

第一编

选择道路

第一封信　先有热情，再谈训练

在这封信的开头，最好先谈谈我到底是个怎样的人，这一切都要从 1943 年的夏天讲起。那时候第二次世界大战还没结束，我刚满 14 岁，住在我的家乡，亚拉巴马州的小城莫比尔，当时这里主要忙于战时造船业和建设空军基地。虽然我担任应急信差，一天要在莫比尔的街上来回骑好几趟车，但我对这城镇和世界上发生的重大事件漠不关心，只是用大把课余时间来累积童子军功绩勋章，以便早日升上鹰级[1]。然而，我最常做的事情其实是在附近的沼泽和森林里探险，采集蚂蚁和蝴蝶；我在家里打造了一座私人动物园，里面有蛇和黑寡妇蜘蛛。

---

[1] 鹰级是童子军的最高级别。——编者注（本书注释均为编者所加，后文不再注明）

受到世界大战的影响，附近的普什马塔哈童子军夏令营找不到足够的年轻人担任辅导员，那里的招聘员听说我的课外搜集活动，于是询问我是否愿意担任他们的野外辅导员。我想他当时一定是走投无路了，才会找到我，但一想到能够免费参加夏令营，还能做自己最喜欢的事，我当然是欣喜若狂地答应了。不过，除了蚂蚁和蝴蝶之外，我对其他生物的了解很有限。年轻又鲁莽的我，就这样两手空空地前往普什马塔哈。我的内心忐忑不安，担心年纪比我大的学员会嘲笑我教的东西。突然之间，我有了一个灵感——蛇。大多数人看到蛇时都会吓得两脚发软、无法动弹，但又难掩对它的好奇心。这种反应其实来自我们的基因。那时我并不知道，墨西哥湾沿岸的中南段是北美洲蛇类的大本营，种类多达40种。我一抵达营地，便请工作人员帮忙用木箱和纱网做了一些笼子。在接下来的漫长夏日里，只要不影响平时的安排，我就会让所有夏令营的学员加入我的捕蛇行列。

这段日子里，平均每天都会有好几次听到从树林里传来的叫喊："蛇！蛇！"所有听到的人都会招呼同伴冲到现场，等待我这个"蛇王"到来。

若是无毒的，我会直接抓住它；若是毒蛇，就先用一根

　　　　　　　　　　　　给年轻科学家的信

木棒压住它的头部后方，再向前滚动木棒，直到它的头部无法动弹为止，然后捏着它的脖子提起来。接着，我会向围观的童子军展示，向他们讲解我对这种蛇仅有的一点认识（通常我知道的不多，但他们知道的更少）。然后，我们会走回营区，把蛇养在笼子里一个星期左右。我会在我们的"动物园"里发表简短谈话，谈一些我新学到的关于当地昆虫和其他动物的知识（我对植物完全不在行）。我和捕蛇小队在这个夏天过得很愉快。

唯一可能干扰这美好工作的当然还是蛇。我听说所有的蛇类专家，不论是科学家还是业余爱好者，一生都至少被毒蛇咬过一次，我也不例外。夏天过了一半，我去清理蛇笼，里面关了几条侏儒响尾蛇，这是种毒蛇，但不会致命。我没有留意到我的手太靠近一条蜷缩在旁边的蛇，它突然弹起来咬了我的左手食指。我赶紧到营地附近的医生办公室紧急处置，但为时已晚，基本没有任何效果。然后我被护送回家，让肿大的左手掌和左臂得到休息。大约一星期后，我回到普什马塔哈，夏令营主任命令我不得再抓毒蛇，就跟在家时父母告诫的一样。

夏季即将结束，在大家离开之前，主任举办了一场活动，让大家投票选出最受欢迎的人。由于大部分学员都担任过捕蛇助理，我获得了第二名，仅次于总辅导员。就在那时，我发现了这辈子要走的路——虽然还没想得透彻，目标也还很模糊，但我知道我要成为一名科学家，一位教授。

进了高中之后，我很少花时间在课业上。多亏亚拉巴马州南部在世界大战期间相对宽松的教学体系，以及过于劳累而无暇他顾的老师们，我才能轻松度过这段日子。在莫比尔读墨菲高中的岁月里，有一天值得纪念，那天我一挥手就能拍死一只苍蝇，一堂课上我一共拍死了 20 只，然后把尸体一字排开摆在桌上，留给下一堂课的同学欣赏。第二天上课时，一位年轻女老师沉着地向我道贺，但此后加倍盯着我的一举一动。我得很不好意思地承认，我对整个高一只记得这件事。

刚满 17 岁不久，我进入亚拉巴马大学，成为整个家族第一个大学生。此时，我的兴趣已从蛇和苍蝇转移到蚂蚁。我决心要成为昆虫学家，一有机会就往野外跑，同时尽力让每一科的成绩都保持在 A。我发现维持学业成绩并不困难（听说今天已经**大不相同**了），只要读透当时能弄到的所有初级和中级化学课本与生物学课本就可以了。

1951 年我到哈佛大学读博士，校方相当宽容，认为我在田野生物学和昆虫学方面表现优异，足以弥补先前在亚拉巴

给年轻科学家的信

马大学因为过得太惬意而没学好的普通生物学。我从南方童年到哈佛这段时间里累积的能量，让我成为哈佛的助理教授。在接下来的 60 多年时间中，我在这座伟大学府里取得了丰硕的工作成果。

我之所以告诉你这段经历，并不是建议你采取我这种怪异的行径（虽然在适当的情况下，这可能也是一种优势）。我并不认为自己对早期正规教育漫不经心的态度是正确的。我们成长于不同的年代，相较之下，你的时代有更多机会，但要求也更为严苛。

我之所以坦白地告诉你这些事，只是为了说明一项重要的原则，这是我在许多成功科学家身上发现的。很简单：**先有热情，再谈训练**。不论用什么方法，找出你在科学、技术或其他相关领域中最想做的事情，在这份热情还没消失之前，尽力顺从它，吸收所需的知识来使心智成长；同时还要涉猎其他科目，广泛修习一般科学课程，如果有更吸引你的东西出现了，要机灵地适时切换跑道。但不要换个不停，还指望真爱会自动找上门来。这也许会发生，但我劝你别冒险。就如同你一生中必须面对的其他重大关头一样，处处都有危机，然而，顺从持久的热情所做出的抉择和努力绝对不会让你失望。

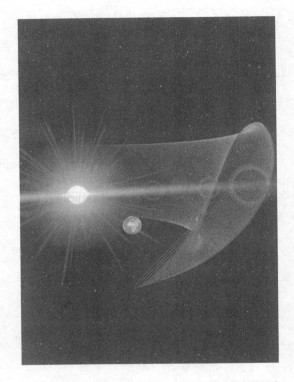

从地球轨道外观测的小行星 2010 TK$_7$ "特洛伊" 165 年间的运动
路径示意图。修改自手稿。版权所有：保罗·维格特，西安大
略大学

第二封信　别担心数学

我想快点切入正题，不过在开始讨论这一切之前，还剩下一个大问题：数学。它是你投身科学生涯的重要资产，也是一项潜在障碍。在许多想成为科学家的人眼中，数学是一头难以驾驭的巨兽。我提起这一点，不是想让你更加心烦意乱，而是要鼓励和帮助你。我这封信是想让你不再担心数学。如果你已经具备基本的数学能力，比方说你已经修完微积分和解析几何，碰巧又喜欢解决难题，并且认为对数是表现超大数字的简洁方式，那么你相当不赖，我不必太为你担心，至少不必马上为你担心。但是请记住，高超的数学能力并不是——真的不是——让你在科学上有所成就的保证。稍后我会再解释这一点，所以请把它放在心里；事实上，我想要提醒那些数学爱好者的事情反而更多。

而如果你的数学能力不足，甚至不太灵光，也无须过于忧虑，你在科学家这个群体里绝不孤独。让我告诉你一个科学界的秘密，相信你听了以后一定会信心倍增：今日世界上许多成功的科学家，都可说是半个数学白痴。这样讲似乎有点前后矛盾，让我用个比喻来进一步澄清。杰出的数学家通常在拓展科学疆界时扮演理论的建筑设计师角色，其余大多数基础研究者和应用科学家负责绘制地形图、侦察边境、开辟道路，并在这条通往边疆的新路上盖起第一座建筑物。这些科学家负责提出问题——有些是数学家可以帮忙解决的——但他们主要是以图像和事实来思考，只是稍微触及数学而已。

你可能觉得我这样讲太过鲁莽草率，但我跟有志成为科学家的年轻人交谈时，总是以此来帮助他们摆脱数学焦虑症。在哈佛讲授生物学几十年下来，我经常看到优秀的学生因为担心数学而拒绝以科学为志向，甚至根本不碰非必修的科学课程。为什么我会关心这件事？因为数学焦虑症不仅害科学界痛失难以估量的人才，也让许多学科失去有创意的年轻人，这种人才缺失问题必须解决。

现在，让我来告诉你如何纾解数学焦虑症。要知道，数学是一种语言，就像我们日常生活所用的语言一样，自有一套文法和逻辑系统。任何具备一般智商，并且学过初级数学的人，在解读数学语言时，都不会遇到什么困难。

在此，我想用人口遗传学和人口生态学为例（它们是生物学中相对前沿的学科），说明视觉图像和简单数学叙述之间的关联。

想想这个有趣的事实。你有一父一母，祖父母加上外祖父母是 4 位，曾祖父母那一辈一共有 8 位，高祖父母那一辈则有 16 位。换句话说，既然每个人都是由一父一母所生，你的直系血亲每往前推一代就增加一倍。用数学来表示就是 $N=2^x$。在这个数学式中，参数 N 代表一个人的祖先数量，而 x 则是回推的世代层数。那么，十代以前你有几个祖先呢？我们不必逐代写出来，可以直接用数学式来表示：$N=2^x=2^{10}$；或是这样表示：$2^{10}=N$。因此，当 x=10，你的祖先 N=1 024 位。现在，将时间轴倒过来，想想从现在开始往未来推算十代，你可望有多少后代？在估算后代时，整件事会变得复杂一点，因为我们不知道自己究竟会有多少后代，不过为了说明基本思路，我们可以仿效数学家通常采用的做法，加上限定条件，假设每对夫妇会有两个孩子存活下来，而且每代人相隔的时间保持不变。（平均生两个孩子与今日美国的实际状况相去不远，而且也很接近 2.1 这个数字，这是维持本地人口规模的最低生育率。）那么，在十个世代后，你将会有 1 024 个子孙。

为什么要算这个？因为它可以让我们粗略了解每个人的基因来源和后续状况。事实上，有性生殖会拆散每个人特有的基因组合，将其中一半和别人的基因重组，创造出下一代的基因组合。过不了几代，任意亲代的基因组合就会被稀释进整个族群的基因库中。假设你有一位杰出的祖先曾经在美国独立战争中奋勇作战，你还有大约 250 个直系祖先跟他活在同一个时代，当中可能有一两个是偷马贼（我的 8 个高祖父中，有一个是南北战争时期的南方军的退伍军人，他就是个恶名昭彰的马贩，不比偷马贼好到哪里去）。

数学家喜欢测量指数增长，从单纯计算两代人之间的人口增幅到一个时间段内人口增长的普遍状况（可以是小时、分钟甚至更短的时间单位），这是利用微积分推导出来的，以 $dN/dt=rN$ 来表示族群的增长率。在这个方程式里，dt 表示任何一个短暂的时间间隔，dN 表示此期间的族群增长数量，dN/dt 的微分计算结果就是族群增长率。在指数增长的情况下，族群个体的即时数量 N 要乘以常数 r，这个常数的大小取决于族群特性和其生存环境的条件。

你可以随便挑选一个你感兴趣的 N 和 r，然后以这两个参数进行计算，时间多长都可以。如果微分的 dN/dt 大于零，而且假设这个族群（不管是细菌、老鼠还是人类）能够无限制地以相同的速率增长，你会很惊讶地发现，要不了几年，这个族群的重量将会超过地球，甚至超过整个太阳系或整个目前已知宇宙的总和。

在数学上看似正确的理论，有时候会导向空想式的结论，但也有不少模型是与现实吻合的，可以传达正确的意义，促使我们改用很不一样的方式去思考。有个相当知名的例子，便是由我刚才所描述的那种指数增长关系中推导出来的：假设在一个池塘中种了一株睡莲，隔天增生成两株，这两株每过一天又各自增生一倍，这样过了 30 天，池塘就会填满，没有空间可以再让睡莲继续增加；那么，池塘会在何时处于半满的状态呢？答案是第 29 天。这是靠常识就可以想到的初级数学，经常用来凸显族群增长过快的风险。过去两个世纪以来，全球人口每隔几个世代就增加一倍。大多数的人口学家和经济学家都认为，一旦全球人口超过 100 亿，地球就将很难维持下去。人类数量最近已超过 70 亿，那么地球是在何时达到半满状态的呢？专家表示早在几十年前就达到了——人类正冲进一条死巷子里。

你越是逃避，就越难掌握数学语言，连达到一知半解的程度都不容易，这就跟学习任何一种语言是一样的；但是，不论在什么年龄，都有可能提高数学能力。在这方面，我可以算是权威，因为我本身就是一个极端的例子。我最初在南方的穷乡僻壤念书，当时恰好是经济大萧条的末期，学校根本没有能力开设代数课程，我直到进入亚拉巴马大学才接触到这门课；等到 32 岁当上哈佛大学的终身教授，我才开始学习微积分。那时我尴尬地坐在教室里，和一群年龄只有我一半的大学生一起上课，当中还有几位是我演化生物学班上的学生。我放下自尊，学会了微积分。

我得承认，补修这些课程时，我的成绩很少超过 C，不过我发现，提升数学能力就像练习说外语一样。如果我付出更多努力，并且多向内行请教，本来可以学有所成，但野外和实验室沉重的研究工作使我无暇顾及课业，因此只进步了一点。

数学天赋可能有部分来自遗传，这意味着一群人所展现出的数学能力差异，在相当的程度上是由群体内部的基因差异造成的，而不是他们的成长环境。遗传差异是你我改变不了的，但我们可以通过教育和练习来大幅降低环境造成的不利影响。数学的美妙之处就在于可以通过自学提高。

既然已经扯得这么远，我想干脆再深入一点，解释一下如何获得优秀的数学能力。持续的练习可以让我们想都不用想就做出基本运算（比如，"如果 y=x+2，那么 x=y-2"），就像说出单词和词组差不多；然后，就像我们几乎不需思考就可以将单词、词组组成句子，将句子组成段落一样，我们也可以轻而易举地将各种数学运算组合成更为复杂的序列和结构。当然，数学推理有多种形式，包含公理的假设和证明，探索数列以及发明新的几何模型。不过就算没受过这类高等纯数学训练，我们还是可以学会足够的数学语言，看懂科学期刊上的绝大部分数学式。

只有少数几门学科需要高超的数学能力。目前我能够想到的是粒子物理学、天体物理学和信息论，在其余的科学和应用领域中，形成概念的能力更为重要。在形成概念的过程中，研究人员凭直觉将种种片段组合起来，使其成为视觉图像。大家或多或少都有能力办到这一点。

假设你是 18 世纪的物理学家牛顿，正在思考自由落体的问题（传说他是因一颗从树上掉下来的苹果而受到启发的）。设想某物从非常高的位置落下，譬如从飞机上掉下来一个包裹，这个包裹会加速到时速 190 多公里并维持这个速度，直到撞上地面。该怎么解释这个不断加速直到临界速度的过程呢？使用牛顿运动定律，再把气压的因素，也就是一般用来推动帆船的那种力考虑进去即可。

再多谈一会儿牛顿。他注意到光线穿过弯曲的玻璃时，有时会出现彩虹的颜色，而且顺序总是红黄绿蓝紫。牛顿认为白光其实是彩色光线的混合。他让一组按相同顺序排列的色光通过棱镜，结果出现白光，证明了这个假设是正确的。后来的科学家利用许多其他的实验和数学推导，了解到颜色来自不同波长的辐射。我们所能看到的最长波长，会引发红色的视觉感受，而最短的波长则会引发蓝色的视觉感受。

这些你可能早就听说过了。不管你知不知道，现在让我们跳到达尔文。在 1830 年，年轻的他跟着英国军舰"小猎犬号"前往南美洲，在那里的海岸来回航行了 5 年。在这么长的一段时间中，他广泛而深入地探索和思考大自然，在那里发现了许多化石。其中有些是已经灭绝的大型动物，类似现代的马、老虎和犀牛，但有许多重要特征都和现代物种大相径庭。它们是挪亚来不及拯救的受害者吗？因为没能逃过《圣经》上记载的大洪水，而留在地层中？但这实在不太可能。达尔文想必知道，挪亚当时拯救了所有物种，但这些南美动物显然不在其中。

达尔文身为一名年轻的博物学家，从欧洲大陆来到美洲大陆，他注意到一个现象：一个大陆上的鸟类和陆生动物，在另一个大陆上会被极为相似但明显不同的物种所取代。他当时一定对此感到十分好奇，想知道到底是怎么回事。今天我们知道这就是演化的结果，但这个答案对年轻的达尔文来说是个禁忌——在他英格兰的老家，公然反驳《圣经》内容会被斥为异端，而他可是在剑桥大学受训要成为神职人员的。

在回程路上，他终究还是接受了演化的概念，并且很快就开始思索演化的**原因**。这是神意吗？不太可能。会是如法国动物学家拉马克所言，直接由环境造成的吗？其他人早已推翻了这个理论。会是生物体在遗传过程中逐渐累积变异，然后一代代展现出来的吗？这实在很难想象。无论如何，达尔文很快就想出另一种可能的过程——自然选择。在这个过程中，物种内部出现的带有强势遗传变异的个体——有的能够延长寿命，有的可以增加繁殖数量，或两者兼而有之——

会逐渐取代同一物种里头相对弱势的个体。

自然选择的想法和逻辑推演过程，多半是达尔文在家乡的田园间散步、乘车，有一次还是坐在自家花园里盯着蚁丘时慢慢汇整成形的。达尔文后来表示，要是他那时想不通该如何解释不具生殖能力的工蚁将工蚁的身体构造和行为传给下一代的办法，他可能会放弃整套演化论。所幸，他想到了解决方案：工蚁的性状是通过蚁后传递的。工蚁和蚁后具有相同的遗传组成，但工蚁是在不同的、会使生殖能力失效的环境中生长的。据传闻，有一天，女仆看到他在花园里盯着蚁丘出神，她后来对一位住在附近的、著作颇丰的小说家说："真可惜，达尔文先生不像萨克雷先生您一样懂得怎么打发时间。"

每个人多少都会像科学家一样做做白日梦，只要努力不懈并加以训练，幻想其实是所有创造性思维的源泉。牛顿有过梦想，达尔文有过梦想，你可能也在编织梦想。最初的形象可能很模糊，没有确定的轮廓，若隐若现。它们被勾勒在纸上后，会变得清楚些，这时它们就有了生命，成了真正可以追寻探索的目标。

科学先驱很少通过纯粹的数学概念获得新发现。世人一提起科学家，往往就会想起站在写满公式的黑板前的身影，

　　　　　　　　　　　　　　　給年轻科学家的信

但那种刻板印象反映的其实是教师的形象，教师是在对学生解释已知的科学发现。真正的科学进展出现在田野调查时，出现于在研究室里乱写乱涂时，在走廊上吃力地对朋友解释时，独自吃午饭时，甚至出现于花园散步的途中。努力工作才能带来灵光一现的机会——当然还要专注。一位杰出的研究人员曾经对我说，真正的科学家可以一边与另一半聊天，一边思考研究题目。

当世界的某个领域因为其自身的缘故被人研究时，最容易出现新的科学想法。它们来自一种透彻而成体系的知识，这种知识关乎那个领域里的实体与发展过程当中的已知或可想象的一切。遇到新事物时，后续步骤通常需要用到数学和统计方法，以进行分析。要是发现者认为这个步骤太过困难，可以找数学家和统计学家合作。我自己就曾和他们合写过多篇论文，我有信心提供以下原则，就让我们称此为"一号原则"：

科学家从数学家和统计学家那里得到所需的帮助，比数学家和统计学家找到能够使用其方程式的科学家容易得多。

比方说，在 20 世纪 70 年代末期，我和数学理论家乔治·奥斯特一起讨论过社会性昆虫的阶级和分工原则，我提供给他所有在自然界和实验室里发现的细节，奥斯特根据我所描绘的这个真实世界，从他的数学工具箱中找出方法，建构出假设和定理。要是没有我提供的讯息，奥斯特或许会研发出一套以抽象术语表达的广义理论，足以涵盖宇宙中所有可能的阶级排列和劳动分工，但这样却不能回推，在众多选项之中，哪一种符合存在于地球上的真实状况。

实际观察和数学论证之间的失衡，在生物学中尤其明显，现实现象中的因素往往不是被误解，就是压根不曾被注意。理论生物学中充斥着种种数学模型，有些一望即知可以忽略，有些则是经过检验后发现与现实不符。真正具有长久价值的可能不超过百分之十，只有那些和真实的生物系统的知识紧密结合的数学模型，才有用得上的机会。

若是你的数学能力太差，要想办法提升它，但同时要知道，以你现有的能力，也可以做出色的工作，尤其是在主要依靠大量田野调查数据的领域中，譬如说分类学、生态学、生物地理学、地质学和考古学。若你想去的是需要做许多实验和定量分析的专门领域，就千万要三思而后行了，这些学科都会涉及大量的物理、化学以及分子生物学中的专门知识。随着你的发展步调，学习那些可以提高你数学能力的基础知识；倘若你的数学仍然薄弱，那就在广大的科学领域中另觅他途，寻求你真正的幸福吧！相反地，要是你觉得收集资料所带来的乐趣，比不上做实验和数学分析，那就远离分类学和上述其他描述性的学科。

以牛顿为例，他是为了验证自己的想象，才发明了微积分。达尔文自己也承认，他的数学能力并不好，甚至对数学一窍不通，但他却能够用累积的大量数据，构思出一个后来能够用数学模型去诠释的过程。对你来说，重要的一步是找到一个符合你的数学能力的学科，并且专注于此。这样做的时候，请记住我的"二号原则"：

> 每一位科学家，无论是研究员、技术专家还是教师，不管数学能力如何，都能在科学中找到一门学科，以其有限的数学能力就可获得卓越成就。

基于相对论假设的气体和恒星落入黑洞时形成的喷流；艺术家的概念图。修改自太空望远镜科学研究所的丹娜·贝里的画作。http://hubblesite.org/newscenter/archive/releases/1990/29/image/a/warn/

第三封信　选定的道路

这封信旨在协助你在同侪之间找出方向。

我还只是 16 岁的高中生时，就已决定要选出一种动物作为主要研究对象，等到秋季进大学后好好研究。我想过尖翅蝇家族，它们迷你的身躯在阳光下闪耀如宝石，但那时找不到适合的设备或文献来研究它们。于是，我选了蚂蚁——纯粹就是运气好，那是一个正确的选择。

抵达位于塔斯卡卢萨的亚拉巴马大学后，我向生物系办公室呈上精心准备的分类好的蚂蚁标本，然后开始我的大一新人生活。不知是我的天真打动了校方，还是他们真的慧眼识英雄，看出我的潜力，或者兼而有之，总之他们相当欢迎我，还给我一架载物台显微镜和一处个人实验空间。获得系里如此的支持，加上在普什马塔哈夏令营的成功经验，我深深觉得自己选对了科系和学校。

然而，我的好运气其实来自一个全然不同的地方——是我一开始选的蚂蚁。这些六脚迷你小战士是昆虫中数量最丰富的，因此，在世界各地的陆域环境中，它们都扮演着重要的角色。在科学研究中，它们也同样重要，因为蚂蚁、白蚁与蜜蜂的社会制度是所有动物中最先进的。然而，令人惊讶的是，在我进大学时，全世界只有十几位科学家以蚂蚁为研究对象——我抢先挖到金矿了。后来，我所有的专题研究，无论有多简单（其实全都很简单），几乎都能在学术期刊上发表。

这个故事对你而言意义何在？太重要了。我相信任何有经验的科学家都会同意我的看法：在选择进行原创研究的知识领域时，最明智的做法是去找一个人烟稀少的地方，只要比较一下各领域有多少学生和研究人员，就能判断你的机会有多大。这并不是要否定广泛涉猎的重要性，也不是否定加入卓越的研究计划并向优秀研究者学习的价值，这些都有助于你结识同辈的朋友和同事，相互支持。

然而，尽管有这一切好处，我还是要劝你另辟蹊径，找出你可以自行开拓的领域。若是以每年每名研究人员做出多少科学发现来衡量的话，这可能是进展最快的方式。如此一来，你有更大的机会成为领先者；长时间下来，你可以获得更多自由发展的机会。

如果一个课题已经有许多人关注，或者具有迷人的光环，而且研究者都是有大笔经费资助的各种奖项得主，你最好离它远点。多听听热门研究的消息，弄清楚它们发展成热门课题的过程和原因，但是，在你给自己做长期规划之前，请记住那些领域已经人才济济，你只是一个新人，恐怕只能扮演一群受勋将领麾下的小卒。

撇开那些看起来很有趣的，很有前途的课题，选择还没有什么专家在竞争的，没有或很少提供奖项或奖学金的，而且研究文献中欠缺丰富数据和数学模型的课题。刚开始，你可能会觉得孤单，充满不安全感，但是在其他一切都相同的情况下，在这样的地方，你更有机会崭露头角，及早体验找到科学新发现的快感。

你可能听说过召唤部队前往战场的军事原则："朝着枪炮声前进。"在科学界则刚好相反，正如我为你拟定的"三号原则"：

远离枪炮声，尽可能从远处观察战局。

万一你身陷其中，设法为自己创造一个新战场。

一旦你找到自己喜爱的课题，若是你全心投入研究，让自己成为世界级的专家，你成功的概率将大幅提高。这个目标并没有看上去那样困难，即使对研究生来说也是如此。这话并不夸张，科学里有成千上万的课题，从物理、化学、生物到社会科学，一定有课题能让你在短时间内就成为权威。若这课题持续无人问津，只要你辛勤耕耘，甚至能在年纪轻轻时，就成为全世界**唯一**的权威。社会需要这样的专业知识，也会奖励那些愿意取得它的人。

目前可用的信息和你最初的发现可能少得可怜，而且难以和其他知识体系连接。若真是如此，那真是太棒了。为什么通往科学新疆界的道路总是这么难走？答案就在"四号原则"中：

在通往科学新发现的路上，每个问题都是一个机会。

越是困难的问题，它的答案可能越重要。

越极端的例子，越能够表明我提出的原则堪称至理名言。人类基因组测序、探寻火星上的生命迹象、寻找希格斯玻色子，这些计划分别对医学、生物学和物理学至关重要，每个项目都需要投入无数人力，耗资数十亿美元，当然这一切的麻烦和花费都是有价值的。但是，在田野研究，以及没有那么前沿的研究课题中，规模相对要小得多，只需要一个小团队，甚至一个人就够了。只要认真努力，就可以用相对较低的成本进行重要的实验。

　　写到这里，我要谈谈如何找到科学中的问题，以及如何获得新发现。科学家（包括数学家在内）有两种策略可选。第一种策略是在研究初期就确认一个问题，然后设法找到答案。这个问题可小（例如尼罗河鳄的平均寿命有多长）可大（暗物质在宇宙中的角色是什么），当答案出现时，通常还会发现其他现象，带出其他问题。第二种策略则是尽可能全方面地研究某一课题，寻找任何未知的，甚至是超乎想象的现象。这两种原创性科学研究的策略便是"五号原则"：

　　　　在科学的任何一个学科中，每个问题都有一个相对应的物种、实体或现象，可作为寻找答案的最佳选择。

（例如研究记忆细胞基础的时候，最理想的是海兔这种软体动物。）

反过来说，每一个物种、实体和现象，也都会对应几个最适合用它来解决的重要问题。（例如蝙蝠适合用来探讨声呐问题。）

两种策略显然都行得通，你可以同时或先后使用，但是，一般而言，选用第一种策略的科学家是天生的问题解决者。他们倾向于依照其偏好与天赋来选定一种特殊的生物、化合物、基本粒子或物理过程，去解释其性质及其在自然界中的作用。这就是物理学和分子生物学的主要研究活动。

下面是我虚构的情节，但我可以向你保证，这与实际发生在实验室里的场景十分接近。

时间是下午，实验室里有一小组身着白袍的男男女女，正在读取屏幕上的实验结果数据。那天早上，在进行实验之前，他们先在附近的会议室讨论，轮流到黑板前写下不同的论点。喝光咖啡，吃完午餐，讲了几个笑话之后，他们决定进行实验以验证某个论点。如果读取的数据合乎预期，那就太棒了，这将是一个真正的线索。组长会说："这就是我们在找的。"那确实是他们要找的！这次研究的目标是了解一种新的激素在哺乳动物体内的作用。不过，组长接下来会说："先来开香槟庆祝一下。今晚，我们上馆子好好吃一顿，聊聊下一步要怎么走。"

在生物学中，以问题为导向的第一种策略（每一个问题都有适合的生物可供研究）让研究人员非常倚重几十个"模型物种"（model species）。当你研究遗传的分子基础时，会发现很多知识来自一种生活在人体肠道里的细菌，名为大肠杆菌；研究神经系统的细胞组织时，则会发现许多知识都来自线虫；等你读到基因学和胚胎发育学时，你将会对果蝇这个标志性物种非常熟悉。一切理当如此：深入了解一个方面比肤浅地认识许多方面来得好。

不过，请记住，在未来的几十年里，顶多会出现几百个模型物种，至于其余将近 200 万个物种，在科学中只会有简短的描述和一个以拉丁文写的学名。虽然它们与模型物种基本上非常相似，但在构造、生理和行为等方面依然具有极大的特殊性。现在，不妨试着在脑海里比较不同的物种，首先回想一下天花病毒以及你对它所知的一切，然后以同样的方式去想想变形虫、枫树、蓝鲸、帝王蝶、虎鲨和人类。我之所以要你这么做，是希望你明白，每个这样的物种都自成一个世界，拥有独特的生物性状，在生态系统中扮演各自不同的角色，而且经历过几万到几百万年的演化过程。

生物学家在研究任何一群物种时，不论是只有 3 种现存的大象，还是有 1.4 万种的蚂蚁，若尽可能广泛地学习与其相关的一切生物现象，那多半就是依循第二种策略的研究人员，将他们称为博物学家比较适合。他们热爱自己挑选的生物，喜欢在野外的自然环境中研究。他们会告诉你，即便是黏菌、蜣螂、蜘蛛或响尾蛇等大多数人起初不认为具有什么吸引力的生物，也拥有数不清的细节和美感。他们的说法是对的。他们的乐趣在于寻找新发现，而且发现越惊人越好。这些人通常是生态学家、生物分类学家或生物地理学家。下面所描述的场景，来自我亲身见证过很多次的经历。

两名生物学家正背着沉重的设备在雨林中采集物种，他们的网络田野调查指南在营地里，DNA（脱氧核糖核酸）分析则要回到实验室才能做。"天哪，这是什么？"

一名生物学家指着一只奇形怪状、颜色鲜艳、附着在棕榈叶下方的小动物叫道。"我想这是一只雨蛙。"他的同伴答道。"不，不，等等，我从来没见过这种生物，它一定是新物种。这到底是什么鬼东西？听好，小心地接近，不要把它吓跑了。耶！抓到了。先不要泡进防腐剂，搞不好这是濒危物种。我们带活体回营地，看看在生命大百科（EOL）上能不能找到什么数据。康奈尔大学有个家伙对这类两栖动物很熟悉，我想可以先和他联系看看。不过，我们应该先在这里多找几个标本，把所有数据都带回去。"这两人返回营地后，便上网查询信息。他们的发现相当惊人，这种蛙似乎自成一个新属，和已知的任何一种蛙都没有关联。他们对此感到难以置信，便在网上把这个发现传给了世界各地的两栖类专家。

在科学界中，你可以选择的路径不计其数。你的选择可能会带领你走进我所描述的某个场景当中，也有可能截然不同。你选的课题，就跟你的真爱一样，必须让你感兴趣、充满热情、愿意为它奉献一生，并且乐在其中。

31 岁的查尔斯·达尔文。修改自乔治·里士满的画作

第二编

创造的过程

第四封信　何谓科学

科学除了帮助我们认识天地万物之外，还可以增强人类的能力，这份宏伟的事业到底是什么？科学是关于现实世界，关于我们周遭的一切及人类自身的，成体系且可检验的知识，与神话和迷信中千奇百怪的信仰截然不同。科学是身体活动和精神活动的结合，是致力于以最有效的方式获取事实知识的富有启迪意义的文化，有越来越多受过教育的人将它视为一种习惯。

在科学研究中，你会不断听到"事实"、"假设"和"理论"这些字眼。但若不与实际经验相结合，这些抽象的概念很容易流于空谈，因而被误解或误用。只有在了解其他科学家的研究过程，或者你亲自体验过之后，这些概念的完整意涵才会逐步显现。

我会拿自己的一个例子来跟你解释我的意思。我是从一个简单的观察开始的：蚂蚁会把蚁尸搬出蚁巢。有些种类的蚂蚁只是把蚁尸随便扔在蚁巢外，但另一些种类则会将蚁尸成堆摆放，简直像在打造一座"墓园"。我从这一行为中发现的问题简单却很有意思："蚂蚁怎么知道身边有只死蚂蚁？"即使是在完全黑暗的地下巢穴中，蚂蚁也能认出尸体，显然它们不是通过视觉感知死亡的。而且，若一只蚂蚁刚死不久，即便是在明亮的地方，仰在那里一动不动，也没有同伴会注意到它。一直要到尸体腐化一两天之后，这个虫体对其他蚂蚁来说才算是一具尸体。

我猜（此时我做了一个假设），搬尸蚂蚁是靠尸体腐化时的气味辨认死尸的。我还推测（这是我的第二个假设），在尸体的渗出物中，只有少数物质会触发这种弃尸反应。第二个假设的灵感来自一项演化原则：地球上绝大多数动物的大脑都很小，它们往往只接收身边最简单的线索，以此来指引行动。腐化中的尸体会释放出几十种甚至几百种化学物质，这些物质可作为信号让蚂蚁选择行动。要是在人类世界中，我们当然可以将这些物质——解析厘清，但是对于大脑只有我们的百万分之一的蚂蚁来说，全面分析是不可能的任务。

若我的假设成立，会是哪些物质引发弃尸行动呢？是所有物质？少数物质？还是说根本不是这些物质？我去找化学材料供货商，买来各种尸体分解时释放的物质的合成样品，包括粪便的主要成分粪臭素、死鱼气味的主要成分三甲胺、各种脂肪酸以及在一种死虫身上发现的酯类。这段时间我的实验室闻起来简直就是停尸间再加上污水厂。我把微量的试剂滴在纸制的假尸体上，然后塞到蚁群中。经过大量发臭的实验，我发现油酸和其中的一种油酸盐会引发这种反应。其他物质不是完全被忽略，就是只引起一阵骚动。

我又用另一种方式重复了这个实验（我得承认这次只是为了自娱自乐而已），把微量的油酸抹在搬运尸体的工蚁身上。它们会变成"活死蚁"吗？果不其然，它们变成蚂蚁界的"僵尸"了。尽管奋力挣扎，它们还是被巢友抬起搬到"墓园"里扔掉了。它们直到把自己清理干净，才能重返家园。

于是我又有了另一个想法：苍蝇和金龟子这些靠捡拾各类残渣维生的昆虫，应当也是靠着嗅觉去寻找动物的尸体或粪便的，而且只需要辨认物质腐败时释放出的少数几种化学物质就可以了。这种至少以部分事实和逻辑推理为基础的推论就是理论，而理论的应用是很普遍的。当然，我们还需要在其他物种身上进行更多这类实验，才能有把握地将这些发现称为"事实"。

那么，从最广义的角度来看，到底什么是科学方法呢？科学方法始于发现一种现象，比方说看到蚂蚁的古怪行为，或是找到一种无法归类的有机化合物，或是发现一种新植物，甚至是一处海沟里的神秘水流。科学家会问："这种现象的性质是什么？是什么引起的？源自何处？会产生怎样的后果？"这些疑问便会引出科学问题。那么，科学家如何找到科学问题的答案呢？总是会有线索的，而这些线索会让人很快产生各种想法，提供解决方案。这些想法就是假设，很多时候纯粹只是符合逻辑的推测。最明智的做法是一开始就尽可能地列出各种可能的答案，然后全部进行检验。可以逐项检验，或是分组检验，在检验过程中不断排除，直到只剩下一个，这方法就是所谓的"多竞争假设"（multiple competing hypotheses）。多竞争假设并不是最普遍的方法——其实这种方法平时很少有人用。许多科学家倾向于只检验某一种假设，特别是自己提出来的假设。毕竟，科学家也是人。

在研究的起步阶段，很难准确地提出所有可能的假设。

　　　　　　　　　　　　　给年轻科学家的信

这种情况在生物学研究中尤其普遍，主要是因为生物现象牵涉到太多因素。有些因素尚未发现，而那些已知的因素通常会彼此重叠，相互影响。观测环境中的干扰因素也困难重重。在医学中，癌症是典型的例子，在生态学中则是生态系统的稳定性。

因此，科学家只能竭尽所能地去尝试，一路凭着直觉猜测，搜集更多的信息，不断坚持下去，直到合理的解释可以连在一起，使人们达成共识。这过程有时很快，但有时则相当漫长。

唯有当一个现象在明确界定的条件下，呈现出不变的性质时，才可以说先前提出的"科学解释"是"科学事实"。氢是一种不能分解成其他物质的元素，这是一个事实；摄取过量的汞会导致某种疾病这种说法，在经过充分的临床研究后，也可称为事实。很多人相信，因为一两种在人体细胞内的化学反应，汞会导致一系列类似的疾病。汞会以这种方式致病的想法，可能会通过进一步的研究得到证实，也可能不会。而在眼下，相关研究尚不完善，因此这种想法只是一个理论。就算这理论最后被证明是错误的，它也不全然是个坏的理论，因为它至少会激发新的研究，增加知识。许多后来被推翻的理论仍可称为"启发式理论",便是因为它们有助于推动新发现。顺带一提,"尤里卡"(eureka,意为"我发现了!")一词源自古希腊科学家阿基米德的故事。据说,有天他泡在公共浴池里,思考该如何测量形状不规则的物体的密度。他想到,只要把物体放进水里,就可由水面上升的幅度测量其体积,由下沉的速度估计其重量,而密度便是以其重量除以其体积。据说,阿基米德一想到这个主意,立即跳出浴池跑到街上,大喊:"Heurika!"希望那时他是穿着浴袍的。说得更具体一点,他当时找到了判断王冠是否为纯金的方法,因为银这种贵金属的密度比金小,所以纯金的密度会高于金银混合物。更重要的是,阿基米德发现了测量所有固体密度的方法,不论其形状或成分为何。

现在来举一个关于科学方法的更宏观的例子,这要回到1859年达尔文出版《物种起源》的时代。长久以来,许多人认为生物的演化只是一种理论,而不是事实;然而,光是达尔文时代的证据就足以说明演化是事实,至少在某些年代的某些生物身上发生过。今天,我们已经从植物、真菌、动物到微生物等各类生物的众多遗传特征中累积了许多有说服力的演化证据,这些证据来自生物学内的每一个学科,所有的解释都环环相扣，迄今还没有发现任何例外，因此我们可以很有信心地说："演化是事实。"

在达尔文的时代，人类是早期灵长类动物后代的想法只是一个假设，但现在有大量的化石和基因证据可以支持这个假设，因此它已可称为事实。演化仍然有理论推测的部分，即这一切普遍是通过"自然选择"发生的。这种理论认为，在一个有繁殖能力的种群中，某些遗传特征的组合会比其他组合更适应环境，因此它们的生存概率和繁殖成功率不同。这个推论已经用各种方式检验过很多次，现在称它为事实一点也不为过。演化论在整个生物学界影响深远，从过去到现在都是如此。

我们观察到定义明确且具有高度一致性的现象，例如磁场中的离子流，物体在无重力真空状态中的移动，或是气体体积随温度变化而胀缩的现象之后，便可以精确地测量其变化幅度，并且以数学形式写成定律。物理和化学领域比较容易找到定律，在这些领域中，定律可以通过数学推理，轻易地演绎并深化。那么，生物学中也有定律吗？

最近几年我大胆地提出，生物学也有两条定律可循。第一条定律是：所有的实体和生命历程，都遵从物理和化学中的定律。虽然生物学家很少谈到生物同物理与化学的关系，至少不会以这种方式去谈论，但在分子和细胞的层面上进行研究的人相信存在这种定律。在我所认识的科学家中，没有一位认为有必要去寻找所谓的"生命力"，也就是生物体特有的物质力量或能量。

生物学的第二条定律比第一条更像臆测：一切演化都来自自然选择，而不只是由于高突变率和相互竞争的基因在数量上的随机波动所造成的微小随机扰动。

科学的基础力量，不仅来自物理、化学和生物学等单一学科**内部**的关联，也来自这些基础学科**之间**的关联。在科学和哲学中一直有个悬而未决的大问题："相去甚远的知识体系之间的这种关联（即知识大融通）可以扩展至社会科学和人文学科，甚至延伸到艺术创作吗？"我认为是可以的，我甚至相信，在21世纪未来的时间里，建构这种跨领域关联的工作，将是知识领域中最重要的活动。

为什么我和另一些人会产生这样极具争议性的想法？因为科学是现代文明的泉源，而不只是等同于宗教或超验冥想的"另一种认识世界的方法"。科学并不会夺走包括艺术创作在内的各种人文学科的精髓，恰恰相反，科学可以提供一些方式来增添人文学科的内涵。科学方法一直比宗教信仰更能贴切地解释人类的起源和意义。组织架构较为严谨的宗教，会像科学一样提出创世神话来解释世界的起源、天球的构造，甚至解释时间和空间的性质。这些神话，主要来自古代先知的想象和顿悟，各宗教的说法也莫衷一是。不论有多精彩，多么能够抚慰信徒，这些故事都是相互抵触的。一旦以现实世界来检验，它们就会破绽百出，从来都是错的。

创世神话的错误更进一步证明，宇宙以及人类心灵的奥秘不能单凭直觉来解释。而且，单单凭借着科学方法，人类就能从我们动物祖先遗留的狭隘感官世界中解放出来。人类曾经相信光可让我们看到一切，现在我们知道，激活大脑视觉皮质层的光波，仅是电磁频谱上的一小段区域而已，从极高频的伽马射线到极低频的辐射，完整的频谱其实涵盖好几个数量级。分析电磁频谱，让我们得以认识自然光的真正性质，而我们对光的整体认识更是促成了无数科技的进展。

人类曾经相信地球是宇宙的中心，静静地固定在那里，太阳在外围绕行。现在我们知道，太阳只是银河系两亿多颗恒星中的一颗，这些恒星都会通过万有引力拉住各自的行星，想必当中也有许多类似地球的星体。类地行星上会有生命吗？

也许吧！而且依我看来，在不久的将来，我们就会知道答案，这当然还是要归功于先进的光学和光谱分析的科学方法。

人类曾经相信自己这个种族是由超自然力量创造出来的，现在我们明白，全然不是这么回事。我们这个物种和现代的黑猩猩有共同的祖先，都是600多万年前非洲猿类的后代。

正如弗洛伊德所言，哥白尼证明地球不是宇宙的中心，达尔文则告诉我们，人类不是生命的中心，而他本人更进一步向世人宣告，我们甚至不是自己的中心，连自身的想法都无法控制。当然，这位杰出的精神分析学家能构思出这个想法，有一部分要归功于达尔文和另一些人，不过他确实讲出了重点：我们的意识只是整个思考过程的一部分而已。

总体而言，通过科学，我们已开始用一致而且更令人信服的方式来回答宗教和哲学里的两个大问题，它们看起来都很简单：人从哪里来？人类是什么？当然，宗教组织会表示，它们早在很久以前就用超自然的创世神话回答了这些问题。那么，你可能会问，接受这类神话故事的信徒还可以顺利地进行科学研究吗？当然可以，但他的世界观将被迫一分为二，一个是世俗的，一个是超自然的。做研究时就要待在世俗的领域中。在科学研究中，要找到和神学没有直接关系的课题并不难。我这么说，并不是心存嘲讽，也完全没有暗示他们缺乏科学精神的意思。

要是真的找到证据，证明所有宗教组织宣称的影响现实世界的超自然实体或力量确实存在，一切都将被改变，科学本身并不否定这样的可能性。事实上，如果可行的话，研究人员有充分的理由去探究这问题。要是真的有科学家找到这样的证据，势必会和牛顿、达尔文与爱因斯坦齐名，开启一个新时代。事实上，在科学史上已经出现无数的报告，声称找到超自然现象的证据。问题是，这一切都基于一个否命题。他们的逻辑通常是这样的："我们找不到任何原因来解释这类现象，所以这一定是上帝所创造的。"目前仍在流传的现代版本则认为，科学还是无法给出关于宇宙起源以及物理常数存在的可信原因，因此势必有一个神圣的造物主。我听过的另一个观点认为细胞内的分子结构和反应太过复杂（至少对提出这些观点的作者来说是如此），不可能光靠自然选择就能够组合起来，一定是由更高的智能所设计的。还有一个说法：由于人的心智，特别是自由意志这个相当重要的成分，似乎超越物质世界的运作方式，所以它一定是上帝植入的。

以反面假设来支持以信仰为基础的科学有个难点，那便是如果这个假设错了，它很容易就会被推翻。只要找到一个可检验的物理因素，便能否定超自然因素的论点。经由一个接一个的现象，揭露这当中的谬误，这正是科学史中不断上演的故事。我们的世界其实是绕着太阳旋转的，太阳则不过是一个具有两亿多颗恒星的星系中的一颗恒星，而这样的星系在宇宙中可能有亿万个。而人类呢？其实是非洲猿类的后代，由于基因的随机突变与交换而逐渐演化出来，人类的心智运作也完全来自器官的物理过程。神意干预世界的观点在几乎所有的时空中都越发站不住脚，取而代之的是以自然主义的角度去理解现实世界。能找到超自然证据的机会越来越少了。

身为科学家，你对任何未知的现象都要抱持开放的态度，但是千万别忘记，你的专业是探索现实世界，不能带成见，不能有偶像，唯一可接受的是经得起检验的真理。

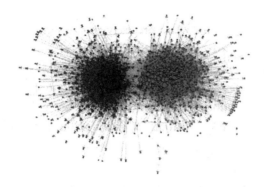

2004 年美国总统选举中的政治博客（点）展示了当代人际关系（线）接触的潜在群体。该模型对科学也适用。修改自拉达·A. 阿达麦克和娜塔莉·格兰斯的《政治博客圈和 2004 年美国大选：博客的对峙》（The political blogosphere and the 2004 U.S. election: divided they blog），《第三届链接发现国际研讨会记录》〔Proceedings of the 3rd International Workshop on Link Discovery (Link KDD'05)〕1: 36–43 (2005)

第五封信　创造的过程

懂得科学家如何运用"心像"[1]，便能了解他们如何进行
创造性思考。在接受技术训练时，勤加练习这一招，就能直
抵科学的核心。我先前说过，你一定能成功，但条件是你有
能力编织美梦，而且做好了遭遇混乱和失败的精神准备。初
期的想法通常不堪用，你可能会觉得很受挫，但等到可行的
想法浮现时，研究会逐渐走上轨道，思考起来较不费力，也
易于向他人解释，这一直都是我最享受的阶段。

既然许多好的科学研究，甚至是所有伟大的科学研究，
都来自天马行空的想法，我建议你现在也来试一下。想想十

---

[1] "心像"（visual imagery），外部世界在个体头脑内的表征。

年、二十年甚至五十年后，你会在哪里？最有可能从事什么专业？接下来，想象年迈的你在回顾一生成就时，会觉得自己的哪个发现最值得回味？它是在哪个领域里头？

我建议你有目的地去构思结尾的情境，然后选择你想要追求的情境。没事就沉迷在你的科学大梦中，不要只是偶尔想想，不妨多做点白日梦，把默默的自言自语当作消遣。学习必须掌握的重要课题，并且跟其他抱有类似想法的人多聊聊。认识一个人的梦想，就等于认识了那个人。

说起梦想，我曾和知名的科幻小说家迈克尔·克莱顿共进晚餐，聊起各自的工作。当时根据他的小说改编的电影《旭日追凶》刚好上映，其中的政治意涵引起轩然大波——电影里有段情节描写一家日本高科技公司暗地里以间谍活动来扩大对美国工业的控制。那是1993年，刚好是日本经济狂飙的时候，日本公司不断收购美国的房地产，从纽约的洛克菲勒中心一路到夏威夷的别墅。这个敏感的话题，可能会被过度解读：未能以军事力量建立帝国的日本，现在正试图以经济优势来实现计划。

克莱顿知道我在1975年出版的《社会生物学：新的综合》这本书引发过大规模的抗议，从社会科学家到激进的左翼作家都表示不满。我在书中提出，人类具有本能，因此存在来自遗传的人性，这观点激怒了一大群人。抗议活动一度中断我的授课和演讲，人们聚在哈佛广场上，要求我辞去教职。

克莱顿问我如何处理巨大的舆论压力，我告诉他，那时我和家人的处境都很尴尬，但我们在理智上倒是不觉得有什么困难。这显然是科学与意识形态的对抗，而历史早已告诉我们，若研究是合理的，科学最终都会胜出。这次也是如此，在我和克莱顿共进晚餐并闲谈的时候，社会生物学早已成为一门颇具规模的学科。我认为关于电影《旭日追凶》的争论并不是一件坏事，毕竟这只是虚构的作品，这些争论有助于厘清可能带出重要问题的不同观点，任其自然爆发出来，总比坐视问题日趋严重来得好。

晚餐时，我趁机和克莱顿分享了自己的一个思考实验，灵感正是来自他的小说和电影《侏罗纪公园》。在这部和《旭日追凶》同一年上映的电影中，有个亿万富翁雇用了古生物学家和其他几名专家，为他想要打造的公园创造恐龙。既然是科幻片，研究计划当然是成功了，不过电影中描述的手法确实十分高明。首先要找到由恐龙时代的树脂形成的化石——琥珀。其中一些碎片含有保存完好的蚊子。这在原则上是行得通的，我自己就研究过数百个琥珀中真正的蚂蚁化石，这些琥珀来自恐龙时代临近结束的白垩纪。电影情节的下一步是找到体内还保留着恐龙静脉血液的蚊子，从中萃取出恐龙的 DNA，然后植入鸡蛋里孵育恐龙。这样的科幻情节安排得十分巧妙，每一个步骤在现实中都徘徊在微乎其微的可能性边缘，尽管几乎是完全不可能的。请注意，身为科学家，我说的是"几乎"！

我曾设想过类似的实验，但比较实际，而且真的能够付诸实行。在哈佛大学的收藏品中，有来自多米尼加共和国的琥珀，里头保存了大量的蚂蚁，估计是 2 500 万年前的化石（比上亿年前的恐龙晚许多，但也够古老了），我曾逐一检查那批化石，撰写论文并描述了若干新物种。其中数量最丰富的，是我命名的阿兹特克阿尔法蚁（*Azteca alpha*），它们似乎是目前分布在中美洲的现生种阿兹特克米氏蚁（*Azteca muelleri*）的直系祖先，不然就是其近亲。这种蚂蚁会使用大量的信息素，这是一种刺鼻的萜类化合物，当侵略者进入蚁巢时，它们就会释放这种信息素来警告同伴。

我告诉克莱顿，也许可以从阿尔法蚁身上萃取出残余的信息素，注射到米氏蚁的巢中，引发警报反应。换句话说，我可以跨越时空传递讯息，将 2 500 万年前一个蚁巢的讯息传送到今日的另一个蚁巢中。克莱顿感到十分有趣，他问我是否已经拟好实验计划了，我说还没有。那时我没有时间，现在还是没有。更何况，在这个设想中，游戏的成分较多，真正涉及科学的部分很少，做这样的实验其实并不能得到多少真正的新知识。

在这封信的最后，我想谈谈自己对克莱顿这样的小说家和科学家的创作过程的理解，刚好这两种身份我都具备。理想中的科学家就像诗人一样思考，只是后来会像记账员般辛勤工作。请记住，在文学和科学中，创新者基本上都是梦想家和说书人。两者在创作初期，脑海里的一切都只是故事，有个想象的结局，通常也有个想象的开头，还有适合穿插其间的片段。在文学作品和科学研究中，任何部分都可以改变，与其他部分相互激荡，有些部分会被删除，有些部分会添加进来，留下的片段会以各种方式排列组合，直到故事成形。无论是在文学还是科学创作中，想法都会一个接一个地出现，它们互相竞争，有时也会重复。通过字词和文句（或是方程式和实验），创作者试图让这一切产生意义。之前，你已为所有想象的情节找到一个精彩奇妙的结局（或科学突破），但这是最好的吗，是真的吗？安全抵达结局是创意思考的目标。不管那结局是什么，位于何处，以何种方式呈现，它一开始都只是个浮现的魅影，然后轮廓逐渐清晰，最后不是消失并被取代，就是像神话中接触大地的巨人安泰俄斯一样获得力量。无法言说的想法在脑海中一个一个地掠过，在其中最好的片段成形之后，将它们安排在适当的位置，故事就会不断发展下去，直到出现一个激动人心的结尾。

正在留气味痕迹的红火蚁。托马斯·普伦蒂斯绘。修
改自《信息素》，爱德华·威尔逊，《科学美国人》
（ Scientific American ） 208(5): 100–114，1968 年 5 月

第六封信　该做的事

　　如果你选择以科学研究为业，特别是原创性研究，那么对你下半辈子的工作和生活来说，对研究题材的热情是必不可少的。有太多的博士生的创意胎死腹中，在博士论文完成的前后就放弃了自己的研究。但我这封信是写给你的，你想要一直保持创意，将职业生涯的大部分时间用于探险。科学家经常对同行的每一个进展用下列这些话做出评价，你的研究也不例外：

　　"他（她）发现了……"

　　"他（她）协助开创了一个成功的理论……"

　　"他（她）首度将下列学科综合在一起研究……"

　　原创发现不是随随便便就能得到的，也不是由任何人在任何时间或任何地方都做得到的。科学知识的边界通常被称为前沿领域，那是一处循着以前的研究者绘制的地图才能到达的地方。正如法国科学家巴斯德在 1854 年所言："机会仅眷顾准备好的人。"从那时起，通往科学边界的道路不断往前延伸，前行至此的科学家也大大增加。不过，远道而来的你会得到补偿，现在这个边界无比宽敞，还会不断扩大。这里仍然有很长一段路上人迹罕至，从物理学到人类学的所有学科都是如此，你应当可以在这一大片荒烟蔓草中找到尚未开发的栖身之地。

但是，你可能会问，前沿领域不是只有天才才到得了吗？所幸并非如此。天才与否，要看每个人在前沿领域的成就，只进入前沿领域是不够的。不论是要前往前沿领域，还是要做出了不起的发现，主要依靠的都是开创精神和辛勤工作，而不是天生的才智。在大多数领域中，极度聪明不见得是一项优势。见过许多领域中杰出的研究人员后，我认为理想的科学家只要有中高等智商就够了，聪明到知道哪些研究可以做，但不至于聪明到厌倦研究。就我所知，有两位诺贝尔奖得主，其研究都是非常具有原创性和影响力的，一位是分子生物学家，另一位是理论物理学家，他们在开始从事科学研究时，智商为 120 左右（我自己开始投入研究时，智商也才 123 而已）。据说达尔文的智商在 130 上下。

那么，智商 140 以上，甚至超过 180 的所谓天才呢？难道突破性的想法不是靠他们来产生的吗？我知道有些天才在科学界表现得不错，但我猜想多数高智商的人可能选择加入门萨俱乐部这类组织，或是去当精算师或税务顾问。为什么科学研究者多半是中高等智商呢（不过我得承认这只是我自己的推测）？其中一个原因可能是，对高智商的人来说，在早期的训练阶段，凡事都太过容易。他们通常不费吹灰之力就能完成大学的科学课程，没有办法从烦琐而重复的数据收集和分析工作中得到许多乐趣。他们不想辛辛苦苦地前往前沿领域，但资质较为平庸的我们则甘于在这条路上前赴后继。

想要在科学界闯出一片天地，光靠聪明才智是不够的，高超的数学能力也不是保证。要想抵达前沿领域，并在那里开疆拓土，必须要恪守职业道德。你必须要具备一种特征，能够享受长时间学习和研究的乐趣，即便有时候一切努力都付诸流水，这就是要跻身一流科学家行列的代价。

这些科学界的精英人士，就像昔日的寻宝者一样闯入无人之境探寻。如果你想加入他们的行列，就要做好冒险犯难的准备，而科学新发现就是你找到的宝藏。只要这样能让你的内心感到满足，你就可以坚持下去。坚持一段时间之后，你将掌握世界一流的专业知识，肯定会有所斩获，甚至做出了不起的发现。如果你像我这样（几乎所有我认识的科学家也都是如此），你会在同领域的爱好者和专家中间找到朋友。每天你都能够在满足中工作，这算是选择这一行的奖励，而且还会赢得你所景仰的人的尊重。更重要的是，你会体认到，你未来的发现会以独特的方式造福人类，光是想到这一点就足以激发你的创意，不过这还不足以将其维持下去。

保持创意有多难？我可以坦白告诉你，在哈佛，我指导过许多立志投入学术生涯的研究生，他们选择一边做研究，一边在研究型大学或文科学院教书。要在这种研究兼教学的组合中取得成功，我建议采取下面的时间配置：一开始，每周投入 40 小时处理教学和行政工作，10 小时用来吸收专业知识及相关领域研究成果，然后至少再花 10 小时做自己的研究，这可能是与你的博士论文或博士后研究相同的领域，或是可以运用你在学生时代的经验的相近领域。我知道每周工作 60 小时很辛苦，所以，你要把握每一个带薪假期的机会进行全职研究。在公平合理的前提下，尽量避开系级行政工作

（除了担任论文审查委员会主席），无论是用借故搪塞、主动逃避、诚心恳求还是合理交换。多花时间去关心有天赋并且对你的研究领域感兴趣的学生，聘用他们当助理，这样对彼此都有帮助。周末时多休息，转换一下心情，但不要度长假。真正的科学家是不度长假的，他们只会出访考察，或申请短期研究经费到其他机构学东西。如果有其他大学或研究机构提供工作机会，而且新工作能够让你有更多时间做研究，对方要求的教学时数和行政事务也不多，那就认真考虑一下吧。

不要为此感到内疚。大学里有所谓的"内部教授"和"外部教授"。"内部教授"喜欢与系所内的所有同事一起工作，对于能够为系所服务深感骄傲；而外部教授主要和研究相关人员打交道，他们不太了解委员会的工作，而是以另一种方式来做出贡献，他们从外头引进一连串的想法和人才，他们的声誉和收入取决于研究成果的数量和质量。

不论你的研究生涯将你带往何处，不论是在学术界，还是在其他地方，你都要保持活力。若是你任职的单位鼓励原创性研究，并且给予奖励，那就继续待在那里，但还是要探寻新的研究课题和新的机会。幸福会降临在那些终其一生乐此不疲地探究同一个课题的人身上，而且可以肯定的是，他们通常会有突破性的进展。高分子化学、模拟生物历程的计算机程序、亚马孙蝴蝶、银河系地图以及土耳其的新石器时代遗址，这些课题都值得投入一生。一旦你全心投入，各种小发现一定会源源而来。但别忘了，要保持警觉，随时注意潜在的大机会。获得重大突破的机会总是存在，但这些机会可能藏在一些完全意想不到的发现里，或是偶然瞥见的小细节中，继续深究下去，可能会扩大甚至改变原先选择的课题。如果你觉得这是可行的，那就放手一搏吧！在科学研究里，"淘金热"可是好事一桩。

要提升成功的机会，还需要另一种特质。你可能天生具备这种特质，也可能天生就不具备，若你属于后者，那就该试着努力培养它。这种特质就是开创精神，勇于尝试让人望而却步的挑战，尝试那些没有人想到过，或是没人敢做的事。比方说，在你和你的同行从未去过的地方展开研究计划，或是尝试引进原本用在其他领域的仪器或技术，若你胆量够大的话，也可以试着将你的知识运用到其他学科。

进行大量快速且容易操作的实验，有助于培养开创精神。没错，我就是说快速且容易操作的实验。我知道，在一般人心目中，科学研究一定要巨细靡遗、毫不妥协，每一步都要仔细地记录在实验记录簿中，还要定期统计检验每段时间收集的数据。若实验经费高昂或非常耗时，确实是有必要这样做；要确定研究结论时，也要做到这一点，才能让你或是其他研究者复制实验、验证结果。但是，在除此之外的情况下，随意尝试并没有什么不好，甚至很有可能会带来意想不到的结果。快速而且不加控制的实验经常会产生很多成果，这么做有时纯粹是为了看看是否会出现一些有趣的事情。扰乱一下大自然，看看它是否会泄露什么秘密。现在让我用几次自己随意胡搞的亲身经历为例，告诉你马马虎虎地做实验也是有好处的。它们仅存留在我的记忆中，我并没有小心地把它们做成笔记，或以其他方式记录下来。

- 我把强力磁铁放在一排蚂蚁前面，看看这样是否可以改变它们的行进方向，或至少破坏它们的队伍，以此判断蚂蚁是否能感应到磁场。

耗时：两小时。

结果：失败。蚂蚁一点反应也没有。

- 在实验室，我封住了人工蚁巢中所养的蚂蚁的后胸侧腺，这些微小的器官是一群细胞组成的，位于身体中节的两侧。然后，我让这批蚂蚁爬过装有土壤细菌的培养皿上方。后来我又在一套成分相同的培养皿上放了一批没有封住的蚂蚁，看看它们的后胸侧腺是否会在空气中释放出抗菌物质。

耗时：两周。

结果：失败。（要是我坚持下去，改用不同的方法多试几遍就好了，后来有其他研究者发现真有这样的物质。）

- 我尝试将两种红火蚁的蚁巢进行混合，首先将它们冷冻起来，然后交换两个蚁巢的蚁后。

耗时：两小时。

结果：成功！后来我用这个方法证明，区分这两个物种的特征是因不同的基因而出现的（这次是小心谨慎地做实验，还加上了完整的实验记录）。现在冷冻和混合这两个步骤成了好几种研究方法的标准程序。

- 在 20 世纪 50 年代，昆虫学家普遍推测蚂蚁是通过化学讯号（后来称之为信息素）来沟通的，那时还不能完全排除另一个可能性，就是使用触角来碰触和敲击，传达出某种编码的讯号，比方说用触角像打鼓一般敲打同伴的身体，可能是一种警报。那时候我决定找找看释放气味的腺体，若是找到了，这可能就是解开蚂蚁信息素密码的第一步。我解剖了红火蚁工蚁的腹部，耐心地切片，在显微镜下用最高级的手术钳摘除所有的主要器官，分别用它们制造出一条条的人工气味痕迹。

耗时：一周。

结果：我第一批尝试的器官都没有引发任何反应，但出乎我意料的是，以针刺底部的杜氏腺测试时，竟然得到了强烈反应！这个腺体呈手指状，肉眼几乎看不见。这个实验大获成功！红火蚁不仅是沿着痕迹前进，而且是急匆匆地冲出蚁巢以循着痕迹前行。杜氏腺的分泌物似乎同时具有指引和刺激的作用，这在信息素研究中是一个新概念。在接下来的几年中，其他科学家和我又找到十几种信息素，蚂蚁的大多数交流就来自这些信息素。

做些非正式的小实验其实非常有趣，而且不会浪费太多时间。但要是初步研究需要投入大量的时间或经费，甚至两者都需要，那么时间和金钱成本可能很快就让人望而却步了。若遭遇失败，必须有勇气和方法来开创新局，这跟在商业界和其他职场没什么两样。

在这封信的结尾，我想给目前是研究生或刚毕业的年轻学者另一个较为务实的建议。我诚心地奉劝你们，除非你们的训练和研究需要独特设施，好比说超级对撞机、太空望远镜或干细胞实验室，不然的话，最好不要执着于任何一种技术或仪器。在科学最前线出现一种新仪器或新技术时，新的研究领域或许会迅速开拓，但一开始往往成本高昂，难以操作。年轻科学家会受到诱惑，可能会决定将事业建立在这种新技术之上，而不是用它来进行原创研究。以生物化学和细胞生物学为例，在早期研究中，研究者非常依赖离心机这类仪器，借由它才有办法分开不同种类的分子，进行后续的物理和化学分析。以这种方式，树木能够从森林中分离出来，整片森林也能被人进一步认识。离心机刚推出时，需要一间专门的离心机室，还要有经过训练的技术人员来管理。然而，随着科技进步，离心机的设计不断改进，研究人员只要依循几个步骤，就能独自操作这台机器。后来，离心机越来越精巧，价格也日益便宜，不再需要独立的空间。今天，生物学各领域的研究生都当它是实验桌上的基本配备，再平常不过的日常操作流程。类似的变化也出现在扫描式电子显微镜、电泳、计算机、DNA 测序与统计软件的改进过程中，这些技术都从原本自成一门专业的地位转变成基本工具，只要是配备完善的实验室都可见到。

从这段历史，我归纳出的原则是：**使用但不沉溺于技术**。若真的需要用到特定的技术，偏偏在操作上有极大的难度，不如寻找一位经验丰富的合作者。把计划放在第一位，竭尽一切正当的方式来完成，并且发表成果，这才是最重要的。

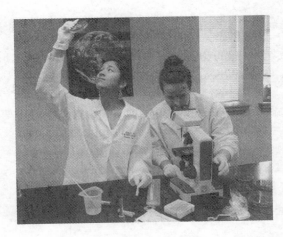

在亚拉巴马数理学院，艾莉森·卡姆（左）和汉娜·沃格曼正在检查从莫比尔三角洲采集的环境细菌样本。约翰·霍伊尔拍摄

第七封信　成功之路

　　什么方法最适合用来寻找具有科学家天分的人？目前中学有越来越多的方案，针对有潜力的学生，提供特殊课程来激发他们的才能。就我所知，在我的家乡莫比尔有间亚拉巴马数理学院，这所学校会从全州的高中生里选出好苗子，为他们提供一笔奖学金，并安排这些学生居住在类似大学的校园里。他们让学生沉浸在实验室研究的气氛中，接受经验丰富的科学家指导，在强调科技的环境中学习。到目前为止，每一届毕业生几乎都直接去读大学了。

　　科学家很少写回忆录，那些真的动笔写作的人也很少透露他们进入科学界的缘由，不会谈起当初抱着怎样的情怀和冲动投入这一行，也鲜少提及受到哪些偶像和老师的鼓舞与激励。这也无所谓，反正，我根本不相信大多数科学家传记的内容，这不是因为我觉得作者在欺瞒什么，而是因为科学界的文化并不鼓励科学家透露这类事情。科研人员在彼此交流时，对任何听起来幼稚的话语或者诗意的情怀都唯恐避之不及，绝不会拉拉杂杂地说些言不及义的话，在描述科学发现时，也都是平铺直叙，维持一贯实事求是的风格，把原本精彩曲折的故事搞得平淡无趣。写成传记时，也难免都一本正经，并不符合真实状况。

下面是一个我虚构的例子："在怀特海研究所的 X 射线晶体学实验室研究禽流感肌蛋白时，我迷上了'自行折叠'这个经典问题。首先我想到……"

我敢肯定这些作者在现实生活中的确着迷于自己的研究领域，甚至会不由自主地专注于特定问题。但身为读者的我，却对这些直白的描述提不起兴致，我认为读者其实想知道的是，为什么这些科学家要辛辛苦苦地追寻这些目标，以及他们的冒险过程和梦想。

看完这些传记，我们还是不大清楚他们从普通人转变成科学家的过程，也不知道他们对工作的真实感受。要是没有亚拉巴马数理学院，那些优秀的学生还都会上大学，从事科学相关的工作吗?

还有一个问题,在培养这类学生时,要如何启发和鼓励他们?是以小团队的方式进行,还是让他们自行选择研究计划,不论课题有多奇怪?目前我们对这些问题都没有确切的答案,但我毫不怀疑,及早鼓励有志进入科学界的青少年,对他们日后的生涯一定会有帮助。

在鼓励科学家创新时,基本上也会出现同样的问题。传统的观点认为,未来的科学会日渐趋向"团队思考",多个头脑一同工作。确实有这样的情况出现,目前在《自然》和《科学》这类顶尖期刊上,由单一作者发表的论文越来越少,共同作者通常在三个以上。在少数几个课题中,如实验物理学和基因组分析这类必须动员整座机构的研究,作者甚至有上百人。

此外,还有阵容豪华的科技智囊团,它们网罗各地精英,共同开创新的理念和产品。我参观过新墨西哥州的圣菲研究所,以及苹果、谷歌这两大美国龙头企业的研发部门,我得承认,他们营造出的未来感确实让我印象非常深刻。在谷歌时,我甚至赞扬道:"这就是未来的大学!"

这些地方的理念是让绝顶聪明的人可以不愁吃住,随意闲逛，让他们可以在喝咖啡、吃面包时见面交流，一小群人相互激发想法。然后，在精心修剪的草坪上漫步时，或是在前往享用美味午餐的路上，他们或许会灵光乍现，做出重大突破。这肯定行得通，尤其是在思考理论科学中有明确定义的问题，或是设计生活必需品时。

但是，团体思考真的是开创新科学最好的方式吗？这样说可能会被视为离经叛道，但我仍要表明自己持保留的态度。我相信创意可以用非常不同的方式形成，只要它在某个人的脑海中出现，酝酿一段时间后就会发芽。一开始这只是个想法，与此同样重要的是，产生这种想法的人拥有雄心壮志，准备在某个科学领域中一展长才。成功的开创者受到命运青睐，既有才能又有合适的环境，得到家人、朋友、老师和导师的支持，还从伟大科学家的传奇故事中获得鼓舞。我敢说，驱动他们的力量，有时来自消极反抗型人格，有时来自对世界或社会问题的愤怒。创新者通常还具有内向人格，不爱参加团队运动和社交活动，他们厌恶权威，大多不喜欢听命行事。在高中或大学时代，他们不会担任领导者的角色，也不大可能受到社团的欢迎。从很小的时候开始，他们就爱做梦，而没那么爱行动。他们往往心思飘浮不定，喜欢探索、收集和摆弄东西，拥有天马行空的幻想，难以专注。在同学眼中，他们不像是将来最有可能出人头地的人。

根据我的经验，最具创意的科学家一旦学会如何进行调查研究，往往不需鞭策就会全情投入。他们喜欢单打独斗，寻找待解决的问题，或是以前被忽视的重要现象，甚至是从来没人想到过的因果关系。他们不会放过任何成为第一个发现者的机会。

然而，在现代科学的前沿领域，几乎所有新想法都要结合多种技术才能开花结果。若是想让计划成功，创新者需要与他人合作，合作者可能是数学家、统计学家、计算机专家、熟知某种天然产物的化学家、几名实验室助理或田野助理，还有同领域的一两位同事。这些合作对象本身往往也极富创意，对同样的想法也早有思考，想要做些调整。凑够人手后（也许是和分散在世界各地的科学家合作，也许是和同一间实验室的人合作），彼此间的讨论就会更加深入。研究计划会不断发展，直到出现原创性成果。这是由团体思考完成的。

在成功的研究生涯中，你可能会同时或轮流扮演创新者、创意合作者或计划主持人的角色。

作者观察捕虫网里的昆虫。（左）亚拉巴马州莫比尔，1942 年；
（右）莫桑比克戈龙戈萨山的山顶，2012 年。摄影师：1942
年，埃利斯·麦克劳德；2012 年，彼得·纳斯克雷基（Piotr
Naskrecki，版权所有）

第八封信　我从来没有改变过

我的科学生涯即将超过 60 年，这么多年来，我很幸运，能够自由选择感兴趣的研究主题，如今我不再像以往那样期待未来，雄心也就随之消散了。我可以毫不掩饰地告诉你我获得重大科学发现的方式和原因，希望你看待我的方式，就像我当年看待老一辈科学家一样：如果他都能做到，那我也行，说不定还可以做得更好。

我的科学生涯很早就开始了，甚至比我在普什马塔哈夏令营成功耍蛇还早。或许你也很早就走上了这条道路，也可能你只是刚刚开始。1938 年，我 9 岁的时候，因为父亲调职的缘故，我们举家从南方搬到华盛顿特区，他在那里给农村电气化管理局担任了两年审计师，那是大萧条时期负责给南方农村供应电力的联邦机构。我是家里的独子，但不觉得特别孤单。那个年龄的孩子，总是可以在附近找到朋友或融入一些小团体，但也许先要跟带头的男孩打上一架（经过这么多年，我的上嘴唇和左眉骨上还留着当时的疤痕）。搬去那里的第一个夏天，我还是独自一人，时间完全是自己的。没有沉闷的钢琴课，没有无聊的探亲，没有暑期学校与旅行团，也没有电视和男孩俱乐部，什么都没有，这真的是**太棒了**！我那时很迷弗兰克·巴克[1]的影片，喜欢看他到遥远的丛林里探险，捕捉野生动物。我也读《国家地理》，特别是关于全球各地昆虫的文章。这些文章通常写的是热带地区带有金属光泽的大型甲虫，以及色彩斑斓的蝴蝶。1934年有一期杂志里有一篇文章，标题为《野蛮与文明的蚂蚁》（Ants, Savage and Civilized），我深受其吸引，随即开始捕捉昆虫。我的成绩还相当不错，因为昆虫在世界上数量甚多，凡是我搜寻的地方，都有它们的身影。

当然，我会收藏邮票和漫画书，不过我还收藏蝴蝶和蚂

---

[1] 弗兰克·巴克（Frank Buck，1884—1950），美国猎人、作家、演员、导演、制片人，自20世纪初开始在亚洲搜捕珍禽异兽，为美国与其他地方的动物园和马戏团捕获了10万多只动物。1932年至1943年间，他出演了几部根据自己的探险经历改编的电影，常在电影中表现与猛兽的殊死搏斗。

　　　　　　　　　　　　　　　　　　　给年轻科学家的信

蚁。收集和研究昆虫一点都不复杂，有好一段时间，它们就是我想象中要猎捕的猛兽，当然这不需要动用上百名原住民来协助围捕，但我仍煞有介事地准备一番。就这样，我的搜寻范围越来越大。有一天我在书包里放了几个瓶子，开始了生平第一次远征，一路走到附近岩溪公园的树林，进入那里布满小径的次生落叶林。至今我都清楚地记得当天带回家的猎物。我捉到了一只狼蛛，还有一只红绿相间的长角蚱蜢的若虫[1]。

稍后我把蝴蝶也纳入猎捕名单，我的继母帮忙做了一张捕蝶网。在接下来的几年里，我自己做了许多这样的网子。方法很简单，若是你也想要如法炮制，只要将衣架弯成圆环，拉直吊钩的部分，并在火上加热，直到热度可以点燃木材，然后把它插进一根扫帚柄里，最后在圆环处包上纱布或蚊帐就好了。

多了这项装备后，我的蝴蝶标本顿时激增。我和伊利诺伊大学的昆虫学教授埃利斯·麦克劳德自小就认识了，他是我最好的朋友。在我投入捕虫生涯的早期，他曾告诉我，他

---

[1]　若虫（nymph），不完全变态类昆虫的幼体。外形与成虫相似，但身体较小，翅膀和生殖器官均发育不完全。

在他家前面的草丛里看到一只中等大小的蝴蝶，它的翅膀上长有黑红相间的闪亮条纹。我们找来一本蝴蝶图鉴，断定那只蝴蝶是优红蛱蝶（*Vanessa atalanta*）。这本书成了我第一本昆虫参考书。那时，我母亲与第二任丈夫住在肯塔基州的路易斯维尔，她寄给我一大本附有美丽插图的蝴蝶图鉴。这本书弄得我一头雾水，因为当中我唯一认得的只有纹白蝶（*Pieris brassicae*），这种蝴蝶是多年前从欧洲意外引进的。多年后我才知道这本书是在介绍英国蝴蝶，难怪我几乎都认不出来。

我的未来就是在这个时候定下来的，埃利斯和我一致决定长大后要当昆虫学家。我们一头栽进大学用的教科书里，虽然很努力地读，但其实都看不太懂。其中一本从公共图书馆借出来逐页研读的书，是罗伯特·E. 斯诺德格拉斯[1] 1935年出版的巨著《昆虫形态学原理》（*Principles of Insect Morphology*）——后来我才知道，这是生物学家鉴定物种用的参考书。我们去参观了国家自然博物馆的昆虫收藏展，策展人当中就有专业的昆虫学家。我没有见到这些堪称神人的专家（其中一个便是斯诺德格拉斯本人），但光是知道这些美

---

[1] 罗伯特·E. 斯诺德格拉斯（Robert E. Snodgrass, 1875—1962），美国昆虫学家，在节肢动物的形态学、解剖学等领域做出了重要贡献。

　　　　　　　　　　　给年轻科学家的信

国政府聘用的学者在那里，就让我满怀憧憬，感到自己也有望达到这样的高度。

1940 年我们举家返回亚拉巴马州的莫比尔，我旋即一头栽进崭新的蝴蝶国度，亚热带气候和附近的沼泽使我几乎实现了以前的梦想。除了在阴郁的北方气候区出没的优红蛱蝶、小红蛱蝶（*Vanessa cardui*）、豹斑蛱蝶（*Anetia thirza*）之外，我又多了喙蝶（Libytheinae）、银纹红袖蝶（*Agraulis vanillae*）、美人蕉弄蝶（*Calpodes ethlius*）和宝绿灰蝶（*Atlides halesus*），还有几只华丽的大凤蝶（*Papilio cresphontes*）、斑马凤蝶（*Protographium marcellus*）和凤尾蝶（*Papilio troilus*）。

后来，我的兴趣转向蚂蚁，一心一意地要找遍查尔斯顿街上的我家旁边杂草丛生的空地上所有种类的蚂蚁。我当时并不知道它们的学名，但现在我知道了，而且至今我还清楚地记得在那片不到十米见方的土地中每个蚁巢的位置。阿根廷蚁（*Linepithema humile*）整个冬季都窝在空地边缘篱笆中的一根烂木头里，等天气温暖起来，就蔓延至整片草丛。红褐大齿猛蚁（*Odontomachus brunneus*）则栖息在空地一角的无花果树底下的屋瓦堆中，它们长着骇人的大颚和刺螯。我还在空地临街的边缘发现一个巨大的红火蚁蚁巢，以及在一个威士忌酒瓶下筑巢的黄色小蚂蚁，也就是佛罗里达大头蚁（*Pheidole floridana*）。

三年后，前往普什马塔哈担任童子军野外辅导员时，我进入猎蛇阶段，开始寻找和捕捉我在亚拉巴马州西南部所能找到的几十种蛇。

我之所以要讲自己少年时代的故事，只是想要凸显一点：**我从来没有改变过。**这或许有助于你思考自己的生涯规划。

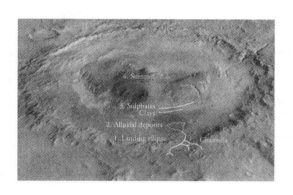

"好奇号"火星漫游车在盖尔环形山的计划路线。《NASA（美国国家航空航天局）选择的火星着陆地点》，埃里克·汉德，《自然》475: 433，2011 年 7 月 28 日。照片修改自 NASA/JPL-CALTECH/ASU/UA

第九封信　科学思维的原型

我们天性中有益的情感会在我们逐渐成熟的过程中得到更深刻的体会、觉察和理解，但它们都是在童年和青少年时期诞生和爆发出来的，然后延续一生，成为创意的源泉。

我在前几封信中曾提到，在科学发现的最初阶段，理想的科学家会像诗人一样发想，后来才会进入专业所需的各种严谨程序。我之前谈到过热情和适当的雄心，那是激发我们创意的力量。这里我再强调一遍，热爱某个对象，本身就是一件好事。科学家的乐趣来自发现新的真理，这一点与诗人非常接近，而诗人的乐趣来自找到新体裁来表达古老的真理，这一点跟科学家一样。就这一点来说，科学和艺术创作在基础上是一样的。

我可以再多跟你讲一些科学殿堂的奥妙之处，告诉你里面无限的厅堂和廊道，甚至多透露一点技巧，教你如何找到属于你自己的一片天地，但这一切，随着你的进步，你都将自行学会。所以，现在我更想与你探讨一些关于创新的心理学。我建议你从更广的层面上检视一番自己内心的想法，找出科学生涯可能会带给你的满足。这样的自我剖析也同样适用于其他的工作领域，不论是研究界、教育界、商界、政界还是媒体界。

心理学家定出了五大性格特质[1]，这些性格特质在一定程度上取决于基因差异，构成了人类内在的基础。我自己的印象是，从事研究的科学家通常比较内向，而不是外向；在亲和性方面无特殊倾向（可能具有亲和力，也可能不具备）；普遍具有较强的自觉性和开放性。生活中促使他们从事创意工作的情况大不相同，激发他们对特定研究之兴趣的原因也不一样。

不过，我还是相信早期经历的影响，特别是童年到青春期结束后的几年，也就是 9 岁到 20 岁出头之间经历的影响。

---

[1] 这五大性格特质分别是开放性、亲和性、自觉性（尽责性）、外向性（正向情绪性）以及神经质性（负向情绪性），合称"大五"。

你可能会因为这段时期接触到的人和事而感动莫名，更想要投入科技研究。这些让你转型的事物大致可分成几类，它们会在你的人生中产生极大的长期效应。我称它们为"原型"，相信它们的影响力足以媲美"印刻"[1]。正如学者所注意到的，原型通常表现在神话故事和艺术创作中，但也会在科技产业中大放异彩。若是你受到一个甚至好几个原型的触动，这将会对你的创意生活产生重大影响。

蛮荒探险

探险的形式很多，比方说寻找一座无人岛，攀爬远方的高山，在深山野岭里头探索，沿着未知河流溯溪而上，联系传说中的神秘部落，发现失去的世界，寻找香格里拉，登上另一颗星球，或是在遥远的国家定居，开始新生活。

在科研领域或是科技界，这种探险原型则转变成不同形式的研发探究，可能是在未知的生态系统里寻找新物种，确定细胞的微观结构，找出在器官和组织间传递讯息的信息素和激素，一窥地球最深的海床，穿梭在板块和峡谷间绘制地

---

[1] "印刻"（imprinting），动物个体在生命特定时期出现的一种固定行为模式，比如刚出生的小鸭、小鹅会追随第一个见到的运动物体。

给年轻科学家的信

形图，深入地球内部并抵达其核心，探寻宇宙边缘，挖掘外星生命迹象，解读 SETI（搜寻地外文明计划）的天文望远镜接收到的外星讯息，寻找化石中最原始的远古生物，探究人类祖先的遗骸，以及探索关于人类从何而来与何谓人类的答案。

寻找圣杯

圣杯有各种各样的形式，它可以是失传的强效配方或灵符、金羊毛、秘密社团符号、点金石、通往地心的途径、召唤邪灵的咒语、启迪人心与超越灵魂的配方、宝藏、唯一能够开启通道的钥匙、青春之泉、长生不老的魔术或药水。

在现实世界的科学研究中，也有类似圣杯的目标，能够激发大家的寻宝精神。这些圣杯包括发现功能强大的酶或激素，破解遗传密码，解读生命起源的奥秘，找到演化出第一个生物体的证据，在实验室创造出简单的生物体，打造不坏肉身，实现可控的核聚变发电，解开宇宙暗物质之谜，探测到中微子和希格斯玻色子，乃至于建构出虫洞和多元宇宙的理论模型。

对抗邪恶

我们更强大的神话与情感是由下列因素引发的：抵御外来侵略者的战争，我方对新土地的征服（当然所谓的我方是指起身反抗野蛮人的文明、良善而虔诚的选民），上帝与撒旦之战，推翻暴君的起义，克服一切困难的革命，英雄、勇士和最后获得平反的烈士，内心的天人交战，善良的魔法师和天使，魔力，逮捕与惩罚罪犯，保护揭发罪恶的人。

在现实的科学世界中，驱策我们研究的动机，则是对抗癌症或其他致命疾病，解决饥荒，开发可以拯救世界的新能源，对抗全球变暖，鉴定 DNA 样本以捕捉罪犯。

上述这几种原型会引发根植于人性深处的共鸣，它们十分具有吸引力，而且容易理解，在创世神话中传达意义和力量，并且在史诗故事里得到反复传诵，成为经典戏剧和小说的主题。

给年轻科学家的信

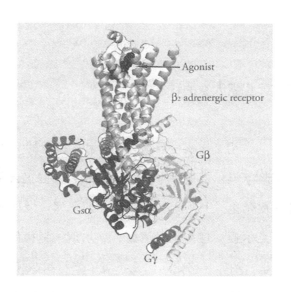

由信号分子（激动剂，顶部）激活的细胞表面受体使激活 G 蛋白（三类 G 蛋白，下半部分）的 G 蛋白偶联受体生效。版权所有：布莱恩·科比卡

第十封信　探索太空的科学家

　　1904 年，为了庆祝世界地理勘探和（日后的）太空探险，纽约的探险家俱乐部成立了。多年来，会员冠盖云集，包括罗伯特·皮尔里、罗阿尔·阿蒙森、西奥多·罗斯福、欧内斯特·沙克尔顿、理查德·伯德、查尔斯·林德伯格、埃德蒙·希拉里、约翰·格伦、巴兹·奥尔德林和 20 世纪其他知名的探险家。探险家俱乐部的总会在纽约的东 70 街，那里收藏了全球杰出探险家的大量档案和纪念品，还有几十年来会员带往远方的探险队旗，那些地方有时几乎寸步难行。当探险家归来时，队旗以及冒险故事也会跟着一起回来。

　　俱乐部每年都会在华尔道夫饭店举行晚宴，这栋宏伟建筑本身就会让人想起辉煌时代的荣景。会员都穿着正式服装，并且应俱乐部要求，佩戴获颁的探险奖章。这是我在北美洲唯一见识到繁文缛节的场合。等到用餐时，身上这些多余的饰品则成了谈笑的话题。多年来，年会的重头戏都是一样的——随机抽出宾客尝试怪异食物。这些怪异食物是在补给品用罄后，探险家被迫就地取材所吃的玩意儿：糖渍蜘蛛、炸蚂蚁、酥脆蝎子、烤蚱蜢、火烤面包虫、没见过的鱼……能抓到什么就吃什么。直到有一次会员在晚餐后生了重病，这活动才取消。

我在 2004 年获选为荣誉会员，这项殊荣每年仅颁给男女会员各一名。到了 2009 年，我又获颁探险家俱乐部勋章。颁给我这样的奖乍看之下似乎没什么道理，也许真是如此，毕竟我不曾受困在冰天雪地的极圈里，从未攀上任何一座无人到达的南极山峰，也没有和任何未知的亚马孙部落接触过。我获奖的原因是科学。探险家俱乐部的委员会决定要扩大探索地球的概念。在西奥多·罗斯福沿着一条不知名的亚马孙河顺流而下，罗伯特·皮尔里和马修·亨森征服北极之后，传统的世界地图上的地方几乎被人探索遍了。在往后的数十年里，地球表面几乎没有一处不曾出现人的足迹，不然至少有直升机观察过，剩下的则可用卫星来查看，甚至可以每天监视，连最后一平方千米都不会漏掉。除了探察深海地形，在我们的星球上，还剩下什么值得探索的？答案是人们所知甚少的生物多样性，各类动植物和微生物为地球组成的薄薄一层生物圈。虽然我们已发现绝大多数的开花植物、鸟类和哺乳动物，已对其进行描述并赋予其学名，但是我们对其他类别的生物群体仍然很陌生。那些决心找寻新物种，绘制生态地图的生物学家和博物学家，不论是专业的还是业余的，仍然可以说是货真价实的探险家。

在 2009 年的晚宴上，生物多样性正式列入俱乐部的名单，成为值得探索的未知世界的一部分。那晚演讲时我感到十分特别，还有许多令人难忘的时刻，但现在回想起来，在我脑海中第一个浮现的记忆，是与登津·诺盖的儿子的谈话，他父亲在 1951 年和埃德蒙·希拉里一同成为首次登上珠穆朗玛峰的人。我跟他谈到，当他父亲下山返国后，有位记者问道："当伟人的感觉如何？"诺盖回答："是珠穆朗玛峰使人伟大的。"在此，容我稍微借题发挥一下，我想告诉生物学家，特别是梦想将科学与探险相结合的年轻人，请不要忘了，是生物圈提供你史诗般的探险机会。

探险家俱乐部在 2006 年 7 月 3 日（星期一）那天，开展了第一次探索生物多样性的"远征"。他们和美国自然博物馆及其他几个重视自然环境的民间团体合作，在纽约的中央公园举办了"生物多样性闪电普查"（bioblitz）。生物多样性闪电普查是指在固定时间内（通常设定为 24 小时），集结从细菌到鸟类等各物种的专家，尽力找出一块区域内的物种，并予以鉴定。那天举办这项活动的目的，是向公众传达这种观念：即便在人来人往的都市，生物多样性也十分可观。活动结束时，当天报名的 350 位志愿者一共找出了 836 个物种，包括 393 种植物和 101 种动物，动物中有 78 种蛾类、9 种蜻蜓、7 种哺乳动物、3 种乌龟、2 种青蛙和 2 种神秘而且少有人研究的缓步动物，这种生物十分微小，长得像毛虫。这是第一次在中央公园发现缓步动物，后来还发现当天找到的一种青蛙其实是新物种，只出没在纽约市周围。

2003 年 7 月 8 日（星期二）举办的中央公园生物多样性闪电普查第一次采集了土壤和水的样本，以便日后进行细菌和其他微生物的分析，这两类生物是地球上最丰富也最多样的生命形式。那天的活动在某种程度上来说确实算得上探险，西尔维娅·厄尔答应要探索中央公园贝塞斯达喷泉旁边那个黏糊糊的小脏湖，好在我们的物种名单上增添一些水生生物。

厄尔是海洋生物学家，以在世界各处海洋潜水闻名，她打趣地说："在海洋中潜水时，我完全没担心过鲨鱼、虎鲸或其他生物，但在中央公园的绿色池塘中，里面的微生物确实让我感到害怕。"结果，她和一些勇敢的同伴一同潜下去，为我们带上来一份可观的物种清单，当中还有个不知打哪儿来的物种。厄尔说："我发现了一只蜗牛从旁漂过，但我不确定这是湖里长的，还是附近餐厅的料理食材。"

地球上几乎没有一个地方没有动植物或微生物。目前看来，不论探究的意图和目的为何，我们都几乎难以穷尽这颗星球的生物多样性，而且每发现一个新的现生种，科学家都能获得数不尽的原创研究机会。

就拿森林中一截正在腐烂的树桩来说吧！在小径上经过时，我们不过是匆匆一瞥罢了，但若是放慢脚步，像科学家一样仔细观察它的周围，那么你会发现，在眼前展开的，就是一个迷你的新世界。至于你能够从这块烂木头中学到什么，取决于你接受的训练和你所选的科学专业。挑一个主题，不论是物理、化学还是生物，然后发挥一下想象力，你就会找到以这根烂木头为材料的原创研究计划。

让我们一起多想想这件事。就研究专业来看，我是生态学和生物多样性的研究者。现在，和我一起想想，在这个多种科学领域相互重叠的世界，可以找到什么值得探究的问题，比方说，在这根木头的迷你世界中，存在怎样的生命？

让我们从动物开始。在树干的一侧或是树根底部或下方，可能会有树洞或坑洞，足以容纳老鼠大小的哺乳动物，再不然肯定会有青蛙、蝾螈、蛇或蜥蜴。接下来让我们将焦点转移到昆虫和其他无脊椎动物，它们的体长在1毫米到30毫米之间。我们可以用肉眼看到绝大多数的这些小生物，经过数百万年来的演化，它们各自适应了不同的生态位，其中绝大多数是昆虫。专精分类学的昆虫学家（需要鉴别物种的其他科学家应当也是如此）会一一指出住在这里的各类甲虫：步行虫科（步甲虫）、金龟子科（蜣螂）、拟步行虫科（黑暗甲虫）、象鼻虫科（象鼻虫）、苔甲科（类蚁石甲虫）和其他几类甲虫。目前已知的甲虫物种比世界上任何其他种类的生物都要多，不过，虽然它们的物种数目最多，个体数量却不是最高的。

若树干正在腐败分解，势必会在里面看到蚁群，它们或是在树皮下，或是在树根间的虫粪里，而木心处可能有白蚁出没。另外在缝隙与树皮表面，则可能发现树虱、跳虫、原尾虫、蝇、飞蛾幼虫、蠼螋、铗尾虫与多足虫。在这些昆虫周围，还有许多其他以腐烂枯木为生的无脊椎动物，如甲壳纲的球潮虫，微小的环节动物蠕虫，大大小小形状各异的蜈蚣、蛞蝓、蜗牛、少足类以及一大群螨虫，当中最多的一群是行动敏捷的植绥螨。树根处则有多种蜘蛛正在结网或捕猎。

树干表面长着一片片的苔藓和地衣，这又是自成一格的小小世界，先前提过的缓步动物可能就漫步在其中，这种动物也被称为水熊虫，因为它们的身体形状又像毛毛虫又像小熊。在这些动物中，数量最多的是线虫，也称为圆虫，肉眼勉强可见。全球的线虫数量非常多，约占整个动物界的五分之四。

若这长串的物种名单把你搞得一头雾水，像是在翻一页一页的电话簿，那你大可放心，多数生物学家也和你的感受一样，不过这只是开头而已，这根树干上的物种名单还长得很。

蕈类会穿透整块腐败的木头，树皮剥落处挂有菌丝，只要有水分的地方就会有微小的真菌，纤毛虫和其他原生动物则在水滴或水膜中游泳。

但若和细菌比起来，"树桩生态系统"上所有的生命，不论是种类还是数量，都仅是九牛一毛而已。随便一处树皮或树根下的一丁点土块，里面就有几十亿个细菌，估计有五六千种，而我们对这些生物几乎一无所知。此外，还有一群更小、种类可能更为多样、数量可能更庞大（这点我们还不是很确定）的病毒。有个方式可以让你对这个树桩生态系统的大小比例稍微有点概念——如果将一个多细胞生物的每一个细胞想象成一座城市，那么细菌便是城市里的足球场，而病毒只有足球那么大。

然而，我们在树桩旁驻足的一个钟头（或是一整天）所观察到的这一切，其实不过是对它拍几张快照而已。随着经年累月的分解腐败，这里的物种会逐渐变化，物种的个体数和生态位也会跟着变动。在这转变过程中，原本正在从新鲜切口流淌树脂的树桩，会渐渐转变成碎屑，释放养分至土壤中，生态位也随之产生新旧交替。最后，树干变成残破的碎片，附近植物的根部穿透进来，其上则覆盖着来自其他树木树冠层的断枝和落叶。整个树桩便是一个微型生态系统，在分解的每一个阶段，树干上的动植物都在变化。这个系统的每一寸，不论是活的，还是死的，都在和周围环境交换能量与有机物质。

这个特殊的世界对你来说有什么用呢？你打算像个生态学家或是生物多样性专家那样去着手研究吗？那么你和你的研究同人该如何面对这个代表地球生物圈几乎无限变化的缩影？讲了这么多，已知的却很少，我们甚至连那棵树上的物种都无法穷尽，更不用说陆地上和海洋里无数未知的微型生态系统了，它们都还没有人研究过，更没有人了解其中的物种及其生态功能。人类对宇宙其他部分的认识，对于了解它们的组成秩序和生物历程毫无帮助。

请记住，任何一个物种都可以让你在生物学、化学甚至物理学界做出重大贡献，开创杰出的科研生涯。德国伟大的昆虫学家卡尔·冯·弗里施发现了许多蜜蜂的奥秘，比如它们以摇摆舞沟通的方式和惊人的地理记忆力。他在获得了这么重要的成就之后，还认为自己才刚刚开始探索这种昆虫的特征。他说："蜜蜂就像是一口神奇的井，你提取的水越多，就越会发现井里有更多的东西可以提取。"

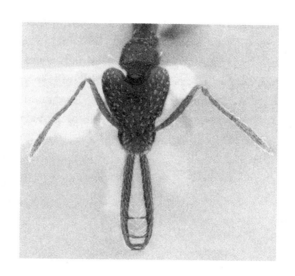

一种螯蚁的脸部。秘鲁库斯科的斯特凡·科弗收藏。克里斯蒂安·瑞柏林拍摄

第三编

科学人生

第十一封信　最初的良师益友

18 岁时，懵懂无知、涉世不深的我在亚拉巴马大学就读，开始和哈佛大学的博士生威廉·L. 布朗通信。布朗仅比我年长 7 岁，但已经是世界级的蚂蚁权威。当时全球只有十来位蚂蚁专家，他就是其中一位，当然这不包括那些病虫害防治专家。

布朗最令人佩服之处在于他那近乎狂热的投入。他感兴趣的东西有很多，从一般的喜好到痴迷依次为科学、昆虫学、爵士乐、写作以及蚂蚁。我在 1997 年的纪念文章中曾写道，他虽然出身工人阶级，却拥有一流的头脑。他会光顾酒吧，畅饮啤酒，就当年哈佛严格的穿着标准来说，他算是穿得很邋遢，每次和系里教师相遇，总是会被调侃一番，但对我这个男孩来说，结识他是天上掉下来的礼物。

布朗在回复我这名年轻追随者的信上写道："威尔逊，你计划鉴定亚拉巴马州所有种类的蚂蚁，这是个很好的开始。但现在你该认真对待更基本的学科，可以让你在生物学领域进行原创研究的学科。若是你准备研究蚂蚁，就得认真对待。"

我刚开始认识他时，他正热衷于给螯蚁（dacetine ant）进行分类。这类蚂蚁主要分布在热带和一部分温带地区，它们的构造怪异，一眼便能辨识出来：下颚很长，末端呈钩状，还长有细针般的牙齿；躯干上覆盖着卷曲或桨状的毛，而且就像许多其他蚂蚁一样，腰部环绕着一团海绵状组织。

布朗继续写道："威尔逊，亚拉巴马州有很多种螯蚁，我要你为我们的研究尽量收集蚁巢，同时注意一下它们的行为，目前几乎没有人做过这方面的研究，大家连它们吃什么都不知道。"

我喜欢布朗对待我的方式，仿佛是在跟同侪共事，虽然他其实只是在训练我，就像军官指导士兵一样。如果我们是在美国的海军陆战队服役，我想就算是下地狱我也会跟着他——我是说假如地狱里有蚂蚁的话。尽管我少不更事，他还是希望我表现得像专业的昆虫学家。他认定我要去就要把工作做好，而不是给我"跟着你的感觉走"或"想想看你最喜欢做什么"之类虚无缥缈的建议。

所以，背负着他对我的信任，我出去完成了任务。刚开始的时候，我用熟石膏做了一套箱子，箱子上有些大小和野生蚁巢上相仿的洞。我还开了一个较大的洞，以便蚂蚁觅食。在这些洞中，我放了很多螨虫、跳虫、各类昆虫幼虫以及各式各样我在螯蚁栖息地发现的其他无脊椎动物。后来我戏称这就是"蚂蚁自助餐厅"。

我的努力很快就得到了回报。我发现这些小蚂蚁喜欢吃身体柔软的跳虫（严格来说应该叫弹尾目），只要认真观察它们跟踪、捕捉猎物的行为，就会明白螯蚁的身体构造为何会这么奇怪。世界各地的土壤和枯枝落叶中都有很多跳虫，在某些地方它们甚至是当地的主要昆虫。但是，一般的蚂蚁、蜘蛛和步行虫很难抓到跳虫，因为跳虫每一体节的下方都有一根可以大幅度活动的长杆，这长杆平时牢牢固定在体节下，但只要有个风吹草动，即使非常轻微，跳虫的保卫机制也会被触发，使长杆弹放出来，它一撞击地面，整只跳虫就会弹到半空中。换句话说，这个构造像是捕鼠器。若是在人类世界中，这相当于是将人抛起十几米，飞越整个足球场的特技表演。

这种跳高本事应付得了大多数掠食者，但逃不过螯蚁与生俱来的利器。几乎全盲的螯蚁用触角接收器感应到附近有跳虫时，就会迅速张开长长的大颚（有些种类可以张开超过180度），让头部前方的活动钩锁住它们。然后，猎手会慢慢爬向猎物，蹑手蹑脚地跟踪接近，此时它可以说是世界上行动最慢的蚂蚁。它缓缓地摆动触角，如果左边气味较淡就转向右边，如果右边气味较淡就转向左边，保持在正确的方位上。螯蚁上唇长有两根长长的感应毛。一旦它们碰到跳虫，螯蚁立刻拉开活动钩，释放蓄势待发的大颚，大颚底部强壮的肌肉瞬间收缩，砰然合上，锋利的牙齿便刺进跳虫柔软的身体。这时跳虫通常会同时释放腹部的长杆，带着蚂蚁一起抛向空中旋转。我常想，要是螯蚁和跳虫的体形和狮子与羚羊一般大，这势必会成为野生动物摄影师追逐的焦点。

我和布朗的早期螯蚁研究成果，有些是单独发表的，有些则是共同发表的，它们使螯蚁的特征首次为人所知。首先，生理学家发现，它们合上大颚的动作可说是动物界中最快速的运动之一。此外，后来的研究还发现，环绕在螯蚁腰部的海绵状组织会释放出化学物质，吸引跳虫接近，将它们引到大颚前的圈套中。

后来我们和其他昆虫学家逐渐发现，螯蚁是所有蚂蚁中数量最丰富而且分布最广泛的种类。虽然它们微小的身躯在土壤和枯枝落叶中很不起眼，但它们是全球食物链中的重要环节。而且，有许多种螯蚁的蚁巢出现在我此前谈到的那种腐烂树桩当中。

往后十年里，布朗和我自然而然地进入了演化生物学的领域。在不断吸取新知后，我们重建出螯蚁百万年来扩张到世界各地，不断特化的演变历史。我们想要探究为何这种蚂蚁会演变出不同体形的物种，以及它们经过进化后在不同地方（土壤、残枝、腐木或树桩）筑巢的方式和缘由。我们还发现有几种螯蚁甚至特化出另类的生活方式，能够住在兰花或热带雨林树冠层中其他附生植物的根部。

随着研究不断进展，螯蚁的历史逐渐成为我们的研究重心。后来才发现，原来它们的演化史波澜壮阔，丝毫不逊于羚羊、啮齿动物、猛禽等其他物种。你可能不以为然，觉得小小的蚂蚁没什么重要的，根本不值得关注。恰恰相反，蚂蚁庞大的数量和总重量足以弥补它们迷你的体形。在亚马孙雨林，这个全球生物多样性和生物组织的大本营，光是蚂蚁的总重量就超过当地所有哺乳类、鸟类、爬虫类和两栖类等陆生脊椎动物总和的四倍。中美洲和南美洲的森林和草原上的切叶蚁会收集落叶和花瓣碎片，用来培养真菌，也就是它们赖以为生的食物。因此可以将切叶蚁视为植物的主要消费者。在非洲的稀树草原和大草原上，建造蚁丘的白蚁也会养真菌，它们是当地主要的制土动物。人们经常忽视蜘蛛、螨虫、蜈蚣、马陆、蝎子、原尾虫、球潮虫、线虫、蠕虫和其他类似的微小动物，甚至连科学家也不例外，但它们是"掌控世界的小东西"。倘若人类消失了，其余的生物将会蓬勃发展，但消失的若是这些陆地上的微小无脊椎动物，几乎一切生命都将灭绝，大多数人也难逃一死。

从小我就梦想着探索丛林，在里头捕捉蝴蝶，搜寻石头下不同种类的蚂蚁，这碰巧和我先前给你的建议不谋而合：找一个很少有人涉足的地方做研究。命运的安排只要稍微有所变动，我可能就会跟着许多年轻的生物学家一起投入老鼠、鸟类和大型哺乳动物的研究。然后，就跟其中大多数人一样，我也有可能会在充实而快乐的学术生涯中从事研究和教学工作。这完全没有什么不好，但就是因为我走上了一条稍微反常的道路，有一个像布朗这样的优秀引导者，我的日子过起来轻松多了。我老早就发现，腐烂的树桩和其他组成生命世界基础的微宇宙，是科学研究的绝佳机会，但是在当时，甚至时至今日，人们还是常常与它们擦身而过。

火星蚁，已知最原始的现生种蚂蚁。修改自巴雷特·克莱因的手稿，威斯康星大学拉克罗斯分校生物系（www.pupating.org）

第十二封信　田野生物学的圣杯

布朗和我一路追寻螯蚁的历史，开始寻找最原始的现生螯蚁。我们想看看其中哪些最接近如今分布于世界各地的螯蚁的祖先。我们的目标是肉食螯蚁（*Daceton armigerum*），这是一种大型蚁，至少在蚂蚁界是大的，体形和广泛分布于北半球温带地区的木蚁差不多，约有 1.3 厘米长。肉食螯蚁全身长满刺毛，大颚扁平，前端还长出尖刺。那时候昆虫学家只知道它们出没在南美洲热带雨林的树上，除此之外对它们一无所知。不知道它们在哪里筑巢，不知道蚁巢的社会结构，也不知道它们如何进食，捕捉何种猎物。于是，有一阵子，它成了我个人追寻的圣杯。

我在追寻蚂蚁的世界之旅中，很早就去了南美洲的苏里南，当时那里还被称为荷属圭亚那。飞机一落地，我立刻前往首府帕拉马里博附近的雨林，在那里搜寻大型螯蚁的踪迹。经过整整一周大汗淋漓的工作和不断的失败后，我决定寻求当地昆虫学家的协助。他们派了助理来帮我，还带来一些熟悉森林而且看到过这类蚂蚁的本地人，他们很清楚该去哪里寻找。很快，我们发现一个蚁巢筑在一片稠密的季节性沼泽中的小树上，我先前没仔细查看过这地方。我们把树砍倒，锯成好几段，带回帕拉马里博的实验室。我小心地切开树干，发现里面有个洞，洞里是整个蚁巢，蚁后、工蚁和幼蚁和其他一切都在那里。通过研究这个蚁巢（和稍后在特立尼达和多巴哥发现的第二个蚁巢），我成功地填补了这方面的空白——它们的蚁巢由几百只工蚁组成，工蚁会单独去树冠上寻找猎物，自行狩猎，捕捉的昆虫种类繁多，但体形都比跳虫大得多，也比其他体形较小的螯蚁的猎物大，此外还有更多新发现。

生物学家经常会检视生物多样性，以找出比较特殊的物种，例如大型螯蚁这样的原始物种。这种做法很有可能为我们带来机会，让人做出非比寻常的发现。怀着相同的目标，我踏上另一次远征，来到现在称为斯里兰卡的锡兰。曾经有人在那里发现针琉璃蚁。我知道它们是像鳌蚁一样独特的蚂蚁，但针琉璃蚁在现代世界里数量极少。事实上，它们正处于灭绝的边缘。针琉璃蚁在演化史上的辉煌时代早就过去了，那大约是从中生代晚期的爬虫类时代到新生代早期的哺乳类时代，换句话说，大概是 1 亿年前到 5 000 万年前。从化石中可以推知，针琉璃蚁演化到后期时种类繁多，数量也很丰富，至于它们的社会结构、栖息地、蚁巢以及沟通方式和饮食习惯，我们则一无所知。早年我在哈佛进行研究时就注意到，在斯里兰卡中央地带康提市附近的佩勒代尼耶，有座 600 年历史的皇家植物园，19 世纪初有人在那里采集到针琉璃蚁的现生种小灵蚁（*Aneuretus simoni*）的两个标本，但从此之后，就再也没有人采集到这些暗黄色的小蚂蚁的标本了。最后一种现生的针琉璃蚁已经灭绝了吗？它们在生存了数千万年之后，像渡渡鸟和袋狼一样在极短的时间内就彻底消失了吗？我有股冲动，想要找出答案来。又是一个圣杯！

　　1955 年，25 岁的我搭乘一艘意大利轮船抵达科伦坡港，直奔康提市的乌达瓦塔凯勒（Udawattakele）皇家森林园区，那里应该是状况最好的自然保护区。我在那里搜寻了一个星期，整个白天都在工作，但什么都没有找到，连一只针琉璃蚁的工蚁都没瞧见。最后，我只好转往开发程度较高的佩勒代尼耶皇家植物园，那里是当初发现标本的地点，结果还是无功而返。这个我梦寐以求的物种，和它们那群曾在演化树上枝繁叶茂的针琉璃蚁家族似乎真的消失了。

我实在不能接受这个结果，决心继续寻觅，所以动身前往南部小城拉特纳普勒，打算从那里进入附近的热带雨林，当时那片雨林几乎一直绵延到斯里兰卡中央高原南端的亚当峰。

一到拉特纳普勒，我就前往当地旅店落脚，梳洗一番。不到一小时，我就来到附近的水库。虽然岸边已经因为行人和放牧的牛而损毁，我还是发现一处小树林。我随手捡起一根中空的树枝，折成两半，毫不指望里面会出现什么有趣的生物。结果完全出乎我的意料，里面爬出了一串愤怒的针琉璃蚁。我呆呆地站在那里，盯着这份美妙的礼物，甚至没有察觉到工蚁螯咬手臂的刺痛感。我想奥杜邦学会的鸟类专家在描绘一个新物种时，也不会在乎被纸割到吧！

第二天，我怀着可能只有昆虫学家才能理解的兴奋劲儿，搭上当地的公交车，前往雨林边缘。科伦坡自然博物馆派了一名助理陪我，他主要是来向当地的印度教极端禁欲主义者保证，我可以不受他们禁止杀害所有动物的宗教信条限制。在他们的教义中，即使微小如蚂蚁的生命也是神圣的。沿着一条林中小径，我很快就发现了几个针琉璃蚁的蚁巢。我在野外趁着阵雨停歇的时刻研究它们，还将几个野外蚁巢放入人工蚁巢中，以便带回去研究它们的沟通方式、照顾幼虫与蚁后的方式，以及社会行为的其他层面。回到哈佛之后，我跟几位同事合作，一同研究了针琉璃蚁的内部构造。

　　将近 30 年后，我在哈佛指导了一位来自斯里兰卡的本科生，她叫贾亚苏里亚，想要深入研究针琉璃蚁，并将其作为毕业论文。她发现这类蚂蚁的分布范围正在明显地萎缩，这完全不让人意外，因为自从我上次调查之后，斯里兰卡不断开发低地森林。此时，我已成功地将小灵蚁加入世界自然保护联盟（IUCN）的濒危物种名单，使它成为少数稀有昆虫中颇为有名的物种，甚至在所有濒危物种中都很出名。

　　在那段时间里，蚂蚁这种微小但遍布全球的生物的演化史成为关注的焦点。许多人前赴后继地投入研究，有的从化石着手，有的则探索现生种。借由找出过去未知的物种，并判定它们之间的亲缘关系，我们得以把幸存类群的演化过程一步步建构起来。

有一段时间，最大的谜题是，当今世界上所有蚂蚁的共同祖先是从哪个物种演化来的？世界上并没有独立生活的蚂蚁。据我们所知，所有蚂蚁的现生种都会形成蚁窝，里头有蚁后及其担负所有工作但无法生育（或几乎无法生育）的一大群女儿。在蚁巢中养育雄蚁纯粹是为了让它们和蚁后交配，雄蚁一旦离开蚁巢寻找配偶，就不许返回，很快就会死亡。所罗门王显然对蚂蚁的特征一无所知，才会提出这样的警语："去看看蚂蚁，你们这些懒人，学学它们的生活方式，变得聪明点。"然而，究竟这种怪异但又非常成功的社会结构是如何出现的呢？年轻时，我们研究过很多化石，其中有些年代相当久远，可以追溯到 5 000 万年前，然而不管是怎样的年代，每个物种的化石总是找得到工蚁阶级，所以我们始终无法得知它们的社会组织的起源。

我们这些蚂蚁学家所要追寻的圣杯是一个"失落的环节"，它是个原始的蚁巢，就像 5 000 多万年前的蚂蚁祖先住的窝一样，而且它的架构要够简单，我们才能由此找出关于它们社会行为起源的线索。就目前所知，最接近这种要求的物种是澳大利亚的巨响蚁（*Nothomyrmecia macrops*）。不幸的是，就跟斯里兰卡的针琉璃蚁现生种一样，当时我们对这个物种的认识也仅限于两个标本而已，这两个标本是 1931 年在澳大利亚西部一处人迹罕至的旷野里采集到的，那里堪称世界上最荒凉的地方，西起海滨小镇埃斯佩兰斯，往东延伸到沙漠般的纳拉伯平原的边缘。这片占地约 1 万平方英里[1]的辽阔旷野，在 20 世纪 50 年代完全没有人烟。在我前去调查的 20 多年前，曾经有批冒险家骑马路过这片荒原，他们从横贯大陆的高速公路南下，前往海边的废弃庄园（托马斯河农场），然后向西走了大约 100 英里[2]，抵达埃斯佩兰斯。他们穿越的"荒地"其实是世界上物种最丰富的区域，看似贫瘠的灌木丛里，长着大量在地球上其他地方都不曾发现的植物，以及连科学家都不认识的昆虫。

在这个 1931 年出发的探险队里有位年轻的女性，她答应昆虫学家约翰·S. 克拉克，帮他沿途采集蚂蚁。克拉克任职于墨尔本的维多利亚国家博物馆，是当时澳大利亚唯一的蚂蚁专家。她随身带了一瓶酒精，发现蚂蚁时就滴在它们身上。日后，克拉克检视这些标本时，惊讶地发现一个前所未见的蚂蚁物种。这种蚂蚁形状近似黄蜂，似乎是已知的现生蚂蚁

---

[1] 1 平方英里 ≈ 2.6 平方千米。

[2] 1 英里 ≈ 1.6 千米。

物种中，在身体结构上最接近蚂蚁共同祖先的一种，可惜采集者并未记录下发现它们的地点，澳大利亚巨响蚁可能出现在这 100 英里左右的长路上的任何一处。

1955 年去澳大利亚研究蚂蚁时，我一心一意想要再次找出这个神秘物种，它们早已成为博物学家心目中的传奇。我想知道它们的社会性是否发展完全，具备蚁后和工蚁组织完善的蚁群，还是说它们的社会架构停留在其他已知蚂蚁社会发展的雏形阶段。当时的生物学家对于蚂蚁发展出社会生活的方式和起因一无所知。

那时我还年轻，才 25 岁，正是充满活力、乐观进取的年纪。我邀请了两位同好一起加入我重寻巨响蚁的旅程。我的两位旅伴，一位是熟悉西澳环境的澳大利亚知名博物学家文森特·瑟文提，一位是经验老到的蚂蚁专家卡里尔·哈斯金斯，他当时刚刚获聘为位于华盛顿特区的卡内基科学研究所所长。我们约在埃斯佩兰斯碰面，在那里将装备放上一辆老旧的军用平板货车，沿着一条泥泞的道路东行至托马斯河农场。一望无际的平原上点缀着花丛和草丛，美不胜收，最棒的是沿途渺无人烟，整趟旅程中，我们只看到一辆车。我们夜以继日地向四面八方搜寻了将近一个星期，晚上要担心营地周围徘徊的澳洲野犬，到了白天则被夏日艳阳榨干最后一滴汗水。我们一踏入巨型肉食蚁的蚁巢，立即掀起轩然大波，这些红棕色蚂蚁愤怒地起身捍卫家园，朝我们这些入侵者恶狠狠地咬下去。我害怕吗？完全不害怕，我喜欢在那里的每一分钟。

我们特意抽出一天北上拉吉德山，那里有片光秃秃的砂岩斜坡，可能会是采集到巨响蚁的地点。对1931年的探险队和我们而言，那里唯一的水源来自一处阴暗的山脊，潮湿的岩壁会落下水滴，平均一小时滴满一杯。然而，我们最后还是无功而返，找不到巨响蚁的下落。

整体来说，我们的努力没有完全白费，一路上还是找到了许多新种蚂蚁，只是标本中没有一只是巨响蚁。乘兴而来，败兴而归，这次失败的探险是我科学生涯中最受挫的一次经验。

不过澳大利亚媒体大量报道了我们失败的远征，这激起了许多昆虫学家想要进一步在这片荒野中探索的念头。当地科学界普遍认为，若真要寻找、研究这种特殊的昆虫，应当由澳大利亚人而不是美国人来动手，他们已经觉得美国人来得太频繁了。

其中一次探索的领导者，是在澳大利亚首都堪培拉担任国家昆虫馆馆长的罗伯特·W. 泰勒，他是我以前的学生，毕业于哈佛的博士。他也打算放手一搏，抓住这个寻找圣杯的机会，这不仅是为他自己，也是为了澳大利亚昆虫学界的荣誉。他的小队一路西行，试图找到巨响蚁的国度。探险队驻扎在桉树林旁，这种树长得很像灌木。夜晚寒风刺骨，实在不是寻找什么昆虫的好时机，但泰勒还是外出寻找，带了支手电筒以防万一。几分钟后，他跑回营地，喊着："我找到了！我找到这天杀的宝贝了！"他的意思是，现在昆虫学界众所周知的巨响蚁终于找到了，虽然不是澳大利亚人发现的，好歹是个新西兰人。

原来，巨响蚁是在冬天较活跃的物种，工蚁在蚁窝中等到凉爽的夜晚降临，才会外出觅食，它们的猎物以昆虫为主，其中多半是行动迟缓、容易捕捉的动物。这个物种属于古老的冈瓦纳动物群，这个动物群的昆虫和其他生物多半起源于中生代，大约是冈瓦纳超大陆分裂早期以及新喀里多尼亚、新西兰和澳大利亚向北漂移的时期。冈瓦纳动物群里头残存的物种，包括巨响蚁在内，都演化出适应南半球温带气候的特性，甚至能适应冬季寒冷的温度。在盛夏的埃斯佩兰斯搜索时，我应该要想到这一点才对，可惜我没有。

巨响蚁族群的出没地点一经发现，顿时引发各式各样的研究热潮，从这个物种的特征到其发展过程，几乎每个层面都有人探讨。后来人们发现，巨响蚁的许多社会行为确实是相当原始的，但它们并不是我们期望找到的低度社会化物种。就跟所有其他已知的蚂蚁一样，它们的蚁巢中也有蚁后和工蚁，它们筑巢、觅食并且养育自己的姐妹，一整巢都是供养蚁后的雌性下属。

尽管蚂蚁体形微小，但寻找蚂蚁的起源，就跟寻找恐龙、鸟类甚至人类自身遥远的哺乳类祖先一样重要。我明白，要是在现生物种中找不到理想的关系，研究人员就必须从正确地质时代的化石下手，才有办法取得进展。然而，在1966年之前，最古老的蚂蚁化石只属于五六千万年前的始新世初期到中期，这比演化出蚂蚁的年代晚得多。在那个时期，蚂蚁数量已经相当庞大，种类也很多，早已分布在全球各地。我们甚至在欧洲波罗的海的琥珀中发现一个类似现生澳大利亚巨响蚁的灭绝物种。

当时一切都让人十分沮丧。蚂蚁显然是出现在中生代，也就是6 500万年以前，但有很长一段时间，我们找不到那时期的任何标本。在这种当今世上举足轻重的昆虫和其最早的祖先物种之间，仿佛隔了一层让人看不透的黑色帘幕。不过，到了1966年，我在哈佛接获消息，有人在一处地质采样点发现了9 000万年前的琥珀，里头有两个看起来像是蚂蚁的标本。发现地不是什么远在天边的异国化石床，而是近在眼前的新泽西州海岸，而且标本正在送往我研究室的路上。终于，我们有机会揭开这层神秘的面纱了！由于太过兴奋，我将琥珀从包裹中取出时，竟然失手掉在地上。结果琥珀碎成两块，滚到不同的角落去。我整个人吓呆了，紧张得要命，不知道自己造成了什么灾难。幸好这两块碎片各自包含一个完整的蚂蚁化石，完好如初。等磨光表面，让它们像玻璃一样平滑后，我发现这两个标本的外部构造保存得非常好，仿佛是几天前才包进树脂里的。

我和研究伙伴将这种中生代的蚂蚁命名为弗氏蜂蚁（*Sphecomyrma freyi*），属名来自蜂蚁，种名用来纪念退休后发现标本的埃德蒙·弗雷夫妇。我们之所以将其归入蜂蚁属，是因为这个物种的头部与黄蜂非常类似，身体的某些部分很像蚂蚁，其他部分则介于黄蜂和蚂蚁之间。总之，"失落的环节"找到了，人们又发现了一个圣杯。

这项发现一经宣布，立即在昆虫学界掀起热潮，大家相继搜寻中生代晚期沉积岩和琥珀中的蚂蚁，或是类似蚂蚁的黄蜂。20年间，人们陆陆续续在新泽西州、加拿大的阿尔伯塔省、缅甸与西伯利亚的沉积岩中发现了更多标本。除了在蜂蚁这一属找到更多物种之外，其他进化阶段的物种也相继浮出水面，渐渐地拼凑出蚂蚁在其早期演化史中变得多样化的故事。我们发现，蚂蚁出现的年代至少是在1.1亿年前，甚至能回溯到1.5亿年前。

可惜的是，在那个时候仍然只有化石证据而已，无论是在野外还是在实验室，都找不到现生种蚂蚁来研究其社会行为的演化关系。早期阶段的蚂蚁社会行为恐怕只能靠间接地拼凑各种资料来了解了。到头来，澳大利亚巨响蚁和其他几种较为原始的现生蚂蚁可能还是最好的研究对象。

到了2009年，年轻的德国昆虫学者克里斯蒂安·瑞柏林带来了惊喜，这至少使我们看到了一些希望。当时瑞柏林正在亚马孙流域中部的马瑙斯挖掘土壤和落叶堆。他在野外工作时，号称不会放过任何一块石头。我曾和他一起参与野外采集工作，确实是名不虚传。他也很会爬树，可以不用任何装备就徒手上树，摘下树冠中的蚁巢。有一天，他在寻找新种蚂蚁时，发现落叶下有只颜色很浅，长相古怪的蚂蚁在爬行。抓起来的那一刻，他意识到这只蚂蚁不属于任何已知的属或种。

到哈佛访问期间，瑞柏林带着新发现跟其他收藏品一起来到被戏称为"蚂蚁室"的标本间。这里位于哈佛大学比较动物学博物馆四楼，狭小的空间里收藏着目前全世界规模最大、最完整的蚂蚁标本，是一个多世纪以来历经好几代昆虫学家的努力建立起来的，标本数量超过100万（但从没有人自愿去计算准确的数量），包含6 000多种蚂蚁。世界各地的蚂蚁专家纷纷来此鉴定他们收集的标本，进行分类和演化研究。瑞柏林带他的亚马孙怪蚁光临时，有好几个人也在场。

在一阵错愕之后，那群人决定到位于标本馆另一侧的我的办公室，请我来看看。直到今天我都记得那一刻。当我往显微镜里看去，我惊呼道："天哪，这东西应该是来自火星吧！"这说明我也不知道这小东西是什么。后来，瑞柏林在学术期刊上描述这物种时，正式将它命名为火星蚁（*Martialis heureka*），意思大概是"被人发现的小小火星生物"。它当然是一只蚂蚁，而且比澳大利亚巨响蚁还要原始，在整个蚂蚁演化树上占据一根更古老的分支。三年后的今天，在我撰

给年轻科学家的信

写本书之际，还没有人发现其他火星蚁。亚马孙地区太辽阔，搜寻起来非常困难，但我认为，若这个物种也是社会性昆虫，总有一天能找到它们的蚁巢，这或许会由一个或几个新生代的巴西蚂蚁专家来完成。

你可能会觉得我的蚂蚁故事只是科学界的奇闻逸事，只有相关研究人员才会感兴趣。你这样想固然没错，但这只是题材不同而已，同样的热情也可以投入在钓鱼、南北战争或是罗马硬币上。寻找某个知识领域里的圣杯不仅能增加现实世界的知识，还可以与其他知识体系相关联，促成科学重大进展的往往正是这样的触类旁通。

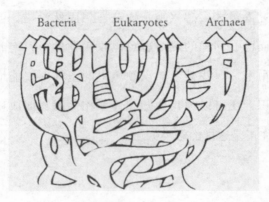

最早的进化过程中互换基因的基本生命树，设想者为微生物学家 W. 福特·杜利特尔。修改自《通用系统分类树》（Phylogenetic classification and the universal tree），W. 福特·杜利特尔，《科学》284: 2124–2128，1999 年

第十三封信　进取的奖赏

在亚马孙森林发现火星蚁的六年前，昆虫学家就已开始尝试建构所有现生蚂蚁的系统树，用更专业的术语来说，我们是在探讨其分支系统发生学。在这段过程当中，我有另一个故事特别与你有关。

1997年，我终于从哈佛大学退休，不必再指导新的博士生，没想到在2003年的某一天，有机与演化生物学系的研究生委员会主席打电话来对我说："艾德，我们今年的招生名额已经满了，但还有一个年轻女孩非常特别，感觉很有前途，充满希望，如果你同意当她实际上的赞助人和导师，我们就再多收她一个。她对蚂蚁极度痴迷，非常想以此当作研究课题，她还在自己身上刺青，文上蚂蚁图案来证明这一点。"我很欣赏这样的热情，而且看了她的履历之后，我觉得哈佛很适合她，而她似乎也很适合哈佛。我便建议立即同意这位来自新奥尔良的科里·索（后改名为科里·索·莫罗）的入学申请。

科里·索入学后，我就知道我们的决定是正确的。她轻轻松松地通过了第一年的基本要求，到年底时她已经很清楚自己的博士论文要研究什么。当时有三个分属不同研究机构的蚂蚁分类专家刚刚获得政府数百万美元的补助金，他们计划用 DNA 测序这项最先进的技术来建立世界上所有主要蚂蚁类群的系统树。这是一项重要但也十分艰巨的任务，要是成功的话，便能整合全球已知的 1.6 万种蚂蚁之分类、生态与其他生物学方面的研究。另外，许多专家也意识到，深入了解蚂蚁，就等于是对地球的陆域生态系统有更广泛的认识。

科里·索表示她想写信给这三位研究项目负责人，询问他们是否同意让她负责解码 21 个亚科中一个较小的亚科。我认为这主意不错，若是她有办法做到，会是相当出色的成就，而且这也是认识其他专家，和他们一起工作的好机会。

但是没过多久，她就来告诉我，三位项目负责人都回绝了。他们都不愿意在团队里增加新人，而且这个人还是欠缺经验的研究生。我从学生时代就锻炼出一副厚脸皮，不认为遭到拒绝就是对一个人的全盘否定，因此我对她说："好了，不要为这件事难过。这些项目负责人的决定不见得是件坏事。你何不换个课题？"

几天后，她回来对我说："威尔逊教授，我一直在想，我相信我可以自己完成这整个项目。"我说："整个项目？"她认真而诚恳地回答："是的，21个亚科的所有蚂蚁。我觉得自己可以搞定。"

科里·索补充说，哈佛拥有世界一流的蚂蚁收藏，这是很大的优势。她表示，她只需要一位精通DNA测序的博士后帮助，而她刚好认识一个人愿意做这份工作。我应该聘请这个人吗？想了一下后，我的直觉战胜了逻辑思考，于是我冲动地说："好吧！"

科里·索看起来不像是虚张声势的人，没有一丝骄傲和自负，她沉默寡言，安静却狂热。事实证明她还具备开放的心胸，乐于帮助朋友、同学和周围的人。她是新奥尔良人，来自旧金山州立大学，这让同样身为南方人的我感到与有荣焉。我希望她能成功，虽然没有和她合作这项计划，但我替她找来资金，帮她建立自己的实验室。何乐而不为呢？这么做可以增添她的想象力、希望和勇气。科里·索还有一条退路：要是她没有全部完成，至少可以用一部分的成果来写论文。我甚至还偷偷提供了一点协助。在她开始研究之后的几个月里，我因为另一个项目前往佛罗里达群岛。在那里，我帮她采集到一些在野外很难发现的干蚁属（*Xenomyrmex*）蚂蚁。在这段时间里，她需要找专家咨询一些复杂的统计推断方法，我也提供了资助。

这时我下定决心要坚持到最后，看看科里·索会做出怎样的结果，我认为，她确实可以完成当初设想的目标。

2007年，她终于完成了。审查委员会仔细阅读了她的博士论文，而且批准通过。早在2006年4月7日，她的主要成果就发表在《科学》期刊上，还成为那一期的封面文章。她的成就相当杰出，就算是资深研究人员也未必做得到，不过，我得承认，当她将论文提交审查委员会时，我还是有点紧张与担心。

后来我得知，获得大笔研究经费的三人团队也完成了他们的工作，准备稍后发表成果，让历史在同一年见证两项独立且同时进行的研究。我对此十分支持，主要是因为这三位都是备受赞誉的科学家，但是这也意味着科里·索的研究将要接受全面的检验。要是这两个系统树不一致怎么办？我实在不愿去想这样的结果。

最后的结果让我松了一口气：这两个系统树几乎完全一致，在21个亚科中仅有细蚁亚科这个鲜为人知的类群摆放在不同的位置上，而且这个差异在后来通过更多的数据和统计分析得到了解决。

科里·索大胆进取的奋斗故事，我觉得特别值得和你分享。它表明，从自信（不是自负！）中获得勇气，愿意承担风险但具备应变能力，无惧权威，遭遇挫败后迅速采取新方向，不论是输是赢，这些都是重要的特质。我最喜欢的格言之一出自轻量级拳击手弗洛伊德·帕特森，他曾击败重量级对手赢得冠军："挑战不可能，才能成就不凡。"

非洲慈鲷的进化地。修改自《生态机会和性选择共同预示适应
辐　射》(Ecological opportunity and sexual selection together predict adaptive
radiation)，凯瑟琳·E.瓦格纳、卢克·J.哈蒙和奥勒·塞豪森，《自
然》(487:366-369)，2012 年。doi:10.1038/nature11144

第十四封信　全面掌握你的学科

要在科学研究中有所发现，不论成就大小，首先你得成为那个学科的专家。要达到专家的程度，创新者需要全力投入，这意味着勤奋工作，努力不懈。

只要稍微看看过去做出重大发现的科学家的经历，就不难明白上面所讲的确为事实。理论物理学家史蒂文·温伯格便是一个好例子，他在1979年和谢尔登·李·格拉肖与阿卜杜勒·萨拉姆共同获得诺贝尔物理学奖，得奖原因是"他们的电弱理论贡献卓著，统一了基本粒子间的弱电相互作用，特别是预测了弱中性流的存在"。温伯格这么说：

我在纽约市出生，父母是弗雷德里克·温伯格和伊娃·温伯格。我早期对科学的兴趣受到父亲的鼓励，在十五六岁时兴趣逐渐转移到理论物理学上……

1957年取得博士学位后，我在哥伦比亚大学进行研究，1959年至1966年间则是在加州大学伯克利分校。在这段时间里，我的研究范围广泛，包括费因曼图的高能行为、第二种弱相互作用、对称性破缺、散射理论和介子物理学等。我之所以选择这些课题，是因为我想扩充自己在物理学领域中的视野。在1961年到1962年间，我开始对天体物理学感兴趣，写了一些关于宇宙中微子群的论文，然后动笔写《引力与宇宙学》（*Gravitation and Cosmology*），最后在1971年完成。在1965年年底，我开始研究流代数以及自发对称性破缺在强相互作用上的应用。

显然，温伯格不是一觉醒来，就拿起笔和纸，写下他那些突破性的见解的。

再看看一个截然不同的领域。詹姆斯·D. 沃森曾在《双螺旋》（*The Double Helix*）一书中对X射线晶体学领域的马克斯·佩鲁茨和劳伦斯·布拉格有一番精彩的描写。他那本书可说是有史以来写得最好的科学家回忆录，文笔生动，每个渴望亲身体验科学发现之震撼的年轻人都应该找来读一读。在书中，他描述了确定最重要的编码分子的结构的必要步骤：

> 弗朗西斯·克里克去的那间研究室是马克斯·佩鲁茨领导的。佩鲁茨在1936年从奥地利来到英国，十几年来一直在收集血红蛋白晶体的X射线绕射数据，目前已经有些线索了。协助他的是剑桥大学卡文迪许实验室的主任劳伦斯·布拉格爵士。布拉格曾获得诺贝尔奖，是晶体学的创始人之一，近四十年来，一直尝试以X射线绕射的方法来解决难度日益增加的各种分子的结构问题。分子结构越复杂，布拉格在找到新方法解决时就越开心。因此，在世界大战结束后，他特别热衷于确定蛋白质的结构，而蛋白质是所有分子中结构最复杂的。在处理完日常公事之后，他通常会到佩鲁茨的办公室讨论最近积累的X射线的数据，回家后则继续思考要如何解释这些数据。

在1985年到2003年这将近20年的时间里，我实现了一个前人认为难度极高，甚至不可能实现的梦想。从哈佛退休前，我利用课余时间以及研究与写作计划之外的时间，对大头蚁属的分类和发展过程进行了研究。这一属的蚂蚁非比寻常，其中包含的物种数量不仅在蚂蚁各属中是最多的，而且的整个动植物界中都数一数二。大头蚁的分布范围很广，从沙漠、草原一直到雨林深处都可以找到它们的踪影，而且它们的个体数量通常也是最多的。大头蚁最大的特征是，它们的蚁巢中除了体形修长的工蚁之外，还有大得多的大头兵蚁。这项变异增加了这类不寻常昆虫的生物复杂性。

大头蚁的种类数量过多，因此在我重新检视大头蚁属时，它们的分类状况基本上是个烂摊子。我发现大多数大头蚁根本无法通过早期分类者的简要说明来鉴定，更糟的是，20世纪收集的标本分散在美国、欧洲和拉丁美洲的六七家博物馆里。我决定开始这项计划时，大头蚁的重要性已不容忽视。大头蚁中有很多种是其栖息环境里的重要成员，但研究其生态系统中的共生关系、能量流动、土壤转变和其他基本现象的生态学家却不知怎么称呼他们所观察的物种。除了在北美的采集点之外，在报告中，他们通常只能将标本编码，写成"一号大头蚁""二号大头蚁"，一直编号到二十好几。这种标示方法对地区性的研究人员来说可能还行得通，但是其他地方的生物学家也有自创的物种名册，他们的一号蚁、二号蚁和三号蚁不大可能和其他人的一致。只有研究人员不辞辛劳地把标本汇整在一起，才能逐一比对这些物种名称。最好是在一开始就让所有人使用同一份完整的物种清单，当中的每个物种都经过仔细的鉴定，并且文献中已普遍使用其学名。一旦完成分类，想要研究这一属的生物学家便能确定观察对象唯一的通用学名，随时将研究成果和其他人的研究做比对，还可以从文献中找到每个物种的相关资料。

很多人将分类学视为一门古老过时的学科，我有一些做分子生物学研究的朋友，过去戏称分类学家的工作是集邮（也许现在还是有人这样说），其实这工作完全不像集邮那样闲情雅致。为了改头换面以正视听，分类学后来更名为"系统分类学"。这门学科可说是现代生物学的基础。在实际操作上，它会用到野外调查和实验室的 DNA 测序技术、统计分析以及先进的信息技术。系统分类学能成为生物学的基础，是因为它植根于系统发生学（重建系统树），以及遗传分析和物种分化的地理研究。然而，从这些学科中分离出分类学的任务变得更为困难了，这是因为动物界和微生物界的多数物种，以及为数不少的植物，都尚待发现。

蚂蚁分类学家将大头蚁属形容成蚂蚁界的珠穆朗玛峰，在我们眼前傲然高耸，似乎不可能征服。那时候其实还有许多挑战性没那么高但仍旧很重要的工作可以让人收获大量成果，但我毅然决然地选择了这个挑战。有感于自己可能会失败，所以我一开始就找了带我入门的前辈布朗一起合作，可惜项目开始没多久，他的健康状况就开始走下坡路，只剩我一个人单打独斗，于是我决定从西半球这个大头蚁属多样性的大本营着手。我觉得自己有义务坚持到最后，一来是因为我有地利之便，可以就近前往蚂蚁标本及文献收藏最丰富的哈佛比较动物学博物馆，二来是因为我觉得这是我的职责。最后，我终于在 2003 年完成了《新世界的大头蚁：物种最多样的蚁属》（*Pheidole in the New World: A Dominant, Hyperdiverse Ant Genus*），这本书出版时厚达 798 页，包含 624 个物种，其中有 334 个是新物种，每个物种都附上了当时文献中所能找到的生物学数据，而且所有物种都附有插图，是我自己亲手画的 5 000 多张插图。在书稿送印之际，博物馆还在陆陆续续收到田野调查合作者送来的新物种，估计到 21 世纪末，这一属的物种总数将会破千，甚至可能超过 1 500 种。

完成那本书，等于是登上蚂蚁分类学的高峰，但我和登上珠穆朗玛峰的希拉里与诺盖这类探险家不同，在挑战大头蚁属这项无止境的分类工作时，我心中另有盘算。其中一个是在研究每个物种期间，顺便寻找新的现象。我采用的是在第三封信中提到的第二种策略：**每一个物种都对应着最适合用它来解决的重要问题**。这种策略确实奏效了，其中一项成果便是发现"敌化"（enemy specification）现象。敌化现象背后的原理其实很简单。每个物种，不论动物还是植物，在自然栖息地中都被其他种类的动植物包围，其中大多数对其的影响是中性的。有些物种是彼此友好的，甚至建立起共生关系，相互依赖，至少要靠对方繁衍后代，比方说授粉动物和开花植物之间的关系。而也有一些动植物会对特定物种产生危害，甚至威胁到其生存。要是物种具有识别危险敌人的本能，能够避开或是摧毁敌人，这会是巨大的生存优势。

这原理听起来稀松平常，问题是物种是否真的演化出了这样的敌化反应？我其实从来没有认真想过这个问题，只是碰巧发现了这个现象。进行大头蚁分类计划时，我在实验室养了一窝齿突大头蚁（*Pheidole dentata*），这种蚂蚁在美国南部为数甚多。当时，实验室里还养着一窝红火蚁。有一天，我正在做例行的小实验，将其他种类的蚂蚁和昆虫丢到齿突大头蚁的人工蚁巢入口，看看它们有什么反应。我很想知道哪些昆虫会引它们的大头兵蚁出巢。

这种做法通常不会引发什么特别的反应，接触到入侵者的蚂蚁不是退回蚁巢，就是只唤来几只同伴一起赶走它。然而，我在同一个地方丢入一只红火蚁的工蚁，却引发了整个蚁巢的骚动。外出觅食的工蚁遇到入侵者后立即冲回蚁巢，沿路留下一条气味标记，并且急忙和巢内其他蚂蚁一一联络。工蚁和兵蚁从蚁巢中蜂拥而出，全面搜索那只红火蚁，发现它之后，立即展开猛烈攻击。小个的工蚁咬住它的腿往后拉，兵蚁则张开锐利的大颚，使用大头内部强大的闭壳肌，轻松地切掉红火蚁的附肢，让它无法动弹。

红火蚁显然是齿突大头蚁的死敌。在实验室中，当我将大头蚁和红火蚁的蚁窝摆在一起时，红火蚁的探子会想办法逃回蚁巢通报它们的发现，召唤同伴投入战斗。占据数量优势的红火蚁会迅速击败对手，并且吃掉它们。然而，在一些自然栖息地中，这两个物种的蚁巢都很多。显然，大头蚁能够生存下来，是因为在筑巢时会与红火蚁蚁巢保持安全距离，并且杀尽前来刺探的红火蚁探子，免得它们返巢通报。

后来，在哥斯达黎加的热带雨林中，我发现大头蚁属的另一个物种巨头蚁（*Pheidole cephalica*），这种蚂蚁在遇到下雨或水面上升之类威胁蚁巢安全的状况时，出现的反应更令人惊叹。我在蚁巢入口滴了一两滴水珠，小个的工蚁就会迅速动员整个蚁巢，在几分钟内将整个蚁巢搬到另一处。

像这样的发现，无论重要与否——谁一开始就能说准它在日后的重要性？——若非对所研究的生物有充分的了解，是很难观察到的。这种先决条件有时被称为"对生物的直觉"。

让我用另一个故事来说明这个原则的重要性。2011 年，我率领探险队前往南太平洋，队员当中有蚂蚁专家瑞柏林，也就是亚马孙"火星蚁"的发现者。另一位蚂蚁专家劳埃德·戴维斯同时也是世界级的鸟类专家。凯瑟琳·霍顿负责整个探险队复杂的补给工作。我们的探险从 11 月持续到 12 月初，那是南半球的春天。我们计划前往两个群岛，一个是独立岛国瓦努阿图，一个是邻近的法属新喀里多尼亚。在这段时间里，我们探访了 1954 年与 1955 年我采集和研究蚂蚁的地方。时隔 57 年，我期待观察到当地的环境变化。我还带了当年拍的柯达克罗姆底片的扫描版，以便仔细对照。我特别想评估一下自 1955 年以来，荒地、自然保护区与国家公园的变化。

　　我们能够做出怎样的原创发现，特别是关于我们打算采集和研究的蚂蚁的发现，完全取决于我们所具备的知识。当然，我们老早就做好了功课，所以在这次探险过程中发现了许多新物种，也记录下了这些新物种的栖息地的条件，但这只是计划的一部分，我们还有更大的企图。如果可能的话，我们想要趁此机会，厘清物种形成过程中的诸多现象，解释它们是如何在各岛之间跨海分布的。如果你手边有张南太平洋的地图，试着将瓦努阿图当作中心，想想看这片群岛上的动植物是怎么来的。可能的来源有三：西边的澳大利亚和新喀里多尼亚，北边的所罗门群岛，以及东边的斐济，当然也有可能同时来自这三地。蚁巢虽然只能存在于陆地上，但可能通过浮木、树枝甚至是强风而漂洋过海；有能力建构蚁巢的蚁后也可以附在长途飞行的鸟的羽毛上远渡重洋。我们不奢望在这次的探险中一下子确认蚂蚁渡海的方式，但我们收集了足够的数据，足以判断瓦努阿图的蚂蚁主要来自附近何处——研究结果证明是来自所罗门群岛。

　　光是这项发现就值得在野外的一切辛苦工作，但是我们又想到了另一个问题，也希望能找到一些线索。先不管所罗

　　　　　　　　　　　　给年轻科学家的信

门群岛，因为目前我们对那里的蚂蚁类群所知甚少。我们注意到瓦努阿图的历史和附近的斐济、新喀里多尼亚非常不一样。这两个群岛很古老，广大的陆域已存在数千万年。瓦努阿图的年代和它们差不多，但长久以来只是一群不断变动的小型岛屿，直到最近 100 万年，其土地面积才超过今日的十分之一。从斐济和新喀里多尼亚丰富的动植物就可轻易看出这些岛屿悠久的历史，这两个群岛上都有大量的物种，有些是高度演化的特有物种，在世界上其他地方都找不到。

那么，形成时间较晚的瓦努阿图又是如何呢？在 2011 年 11 月，我们对这个群岛上的蚂蚁进行了有史以来第一次仔细的调查。我们知道，如果这些岛屿的地质年代和新喀里多尼亚与斐济一样长，而且拥有大片的土地，那么等着我们的应该是丰富且高度演化的蚂蚁类群。而如果瓦努阿图目前偌大的陆域真如地质学家所言，只有相对短暂的历史，那么我们能找到的蚂蚁类群就不会像斐济和新喀里多尼亚一样丰富，应当是比较稀少与独特的。结果正如地质学家所推测的，我们发现的蚂蚁类群较少。但瓦努阿图的蚂蚁在它们"短短的"百万年历史中也没有闲着，我们发现有确切的证据表明该地有新物种形成，而且岛上已开始发生其他古老群岛上已经发生过的生物多样性爆发。简单来说，现在正是瓦努阿图蚂蚁演化的春天。

关于南太平洋的探险，我还想告诉你另一个故事，这个故事乍看之下只是个无关紧要且微不足道的异国插曲，但日后就会发现它其实具有全球性的价值。从这个故事中，你会明白，在做野外调查时，知道自己身在何方，应该寻找什么目标，是多么重要的事。

调查新喀里多尼亚时，埃尔韦·茹尔当也加入了我们这个小团队，他是当地发展研究所的昆虫学家，是野外经验十分丰富的本地人。他带领我们前往与主岛（格朗特尔岛）南端隔海相望的派恩斯岛，这座小岛至少在美国人眼中可说是世界上最遥远的地方了。此行的目的是调查那座岛上的蚂蚁种类，另外我们特别想找到尖牛蚁（*Myrmecia apicalis*）这个物种。牛蚁和澳大利亚巨响蚁的亲缘关系相近，而且身体结构和行为几乎和巨响蚁一样原始。有 89 种牛蚁是在今天的澳大利亚发现的，唯独尖牛蚁这一种产自别处。这种远离家园的昆虫让探究动植物分布的生物地理学家极感兴趣，它们是什么时候从新喀里多尼亚抵达这里的？又是如何过来的？在澳大利亚老家的 89 种牛蚁中，哪一种和它的亲缘关系最接近？

它是如何适应海岛生态的？它是否有什么特别之处？

　　1955年我到新喀里多尼亚时，很想找到这些问题的答案，但是当时根本没见到它的影子。在新喀里多尼亚群岛的主岛上，最后一次发现尖牛蚁的森林早在1940年就被砍光了，后来人们便推测这种牛蚁已经灭绝。但茹尔当在派恩斯岛的森林里发现了尖牛蚁的几只工蚁。我们想跟他一起去找蚁窝，希望能多了解一点这个濒危物种。很幸运，我们真的在人迹罕至的森林深处找到了三个蚁巢，在那里夜以继日地拍摄和研究这种蚂蚁。这些蚁窝都位于小树的底部，通道在落叶碎屑下隐藏得很好。我们发现工蚁在黎明时会离巢觅食，独自往树冠爬去，黄昏时带着毛虫或其他昆虫等猎物回来。后来我们才知道尖牛蚁和几种分布在澳大利亚东北部热带森林中类似栖息地的牛蚁有密切的亲缘关系，但还是不知道这个物种究竟是何时来到新喀里多尼亚，又是如何在此定居下来的。

　　我之所以提起这段遥远的自然史，有个特殊的原因。我们在派恩斯岛的时候，发现有另一种蚂蚁严重威胁到岛上的生物多样性，不仅新喀里多尼亚的牛蚁受害，其他大多数动物也遭了殃。这种蚂蚁是最近几年由货船意外带到新喀里多尼亚的，已经入侵派恩斯岛这些近岸小岛，进驻那里的森林，它们在扩张势力范围的同时，不只重创当地蚂蚁和其他昆虫，事实上几乎所有在地面活动的无脊椎动物都难以幸免。

这个入侵的外来种是小火蚁（*Wasmannia auropunctata*），源自南美洲森林。人类无意中的帮助使它们扩张到全世界的热带地区。我第一次遇到这个外来种，大约是在 1950 年至 1970 年间，是在波多黎各以及佛罗里达群岛发现的。当时它们已入侵新喀里多尼亚，严重危害当地生态。小火蚁的工蚁虽然体形较小，但它们的蚁巢非常大，而且数量不断增加。它们造成的危害就跟扩散到温带国家的红火蚁一样糟糕。邻近的瓦努阿图政府知道小火蚁危害甚大，试图控制它们的分布范围，将它们尽量维持在海湾区域，一旦在岛内发现，立即喷药扑杀。

小火蚁对派恩斯岛的威胁尤其严重。我们在岛上寻找牛蚁和其他稀有昆虫时，探察了好几座森林，其中一座森林长满了新喀里多尼亚群岛著名的南洋杉，这些高耸的尖塔形大树，千百万年来占据着南方陆地的边缘。我们发现，南洋杉林只要被小火蚁入侵，就几乎找不到原生种蚂蚁和其他无脊椎动物。新喀里多尼亚的牛蚁目前只生存在一处小火蚁尚未入侵的地方，但也只距离小火蚁不断扩张的领地两三公里远而已。这些独特的昆虫，还有其他本土动物，恐怕再过几十年就要全部灭绝了。

有什么方法能够阻止小火蚁继续蔓延吗？有批法国科学家正在努美阿的发展研究所尝试各种解决方案，但是至今为止都失败了。你也许会想，格朗特尔岛和派恩斯岛都离我们那么远，我们关心它们干什么？在此我要特别强调，小火蚁只是今日在世界各地蔓延的外来种当中的一种，目前类似的入侵种数以千计。每个国家的入侵物种，不论是植物还是动物，其数量都在成倍增加，这包括携带疾病的蚊子、苍蝇，啃食房舍的白蚁，入侵牧场的杂草和破坏当地动植物群的生物。外来种入侵是导致原生物种灭绝的第二大因素，仅次于人类活动对栖息地的破坏。

若要深入了解入侵问题构成的威胁，并且在灾情尚未造成不可挽回的影响之前找到解决办法，我们就需要比现在更多的科学知识和由此诞生的技术。人类需要更多充满热情且拥有广博知识的专家来指出哪些是燃眉之急。这就是轮到你上场的时候了，这也是为什么我要告诉你濒危的新喀里多尼亚牛蚁的故事。

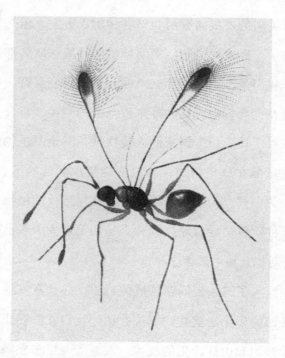

一只雌性缨小蜂。这是一种寄生在昆虫卵中的黄蜂。实际体形
比图注中的字还要小。版权所有：克劳斯·博尔特

第四编

理论和全局

第十五封信 科学的普世性

虽然科学方法不尽完美，但这是了解宇宙万物的唯一途径。你可能会觉得这说法失之偏颇，无视了社会科学和人文学科的存在。我当然知道还有这两大领域，这类反应我已经听了不下百遍，而且我每次都仔细聆听大家的意见。但是自然科学、社会科学和人文学科的基础真的存在很大的差异吗？世世代代的社会科学家，在不断分享研究方法和想法之后，都将社会科学与生物学融合，同时体认到许多社会科学的问题最终都归结到我们人类这个物种的生物特性上。那么人文学科呢？想必还是有许多人坚持它和科学无关。道德推论、美学，特别是艺术创作，都独立于科学世界观。在历史和艺术创作中，人与人之间的关系可以有无限可能，就像是只用几件乐器便能演奏出类型丰富的音乐一样。然而，不管人文活动怎样滋养我们的生活，不论怎样捍卫它们对人的意义，它们还是画地为牢，将自己局限在人类的范畴中。不然的话，想象外星智能的特性和样子为什么会那么困难？

推测其他智能类型存在，并非只是幻想而已，尤其是在做思想实验的状况下。让我们现在就试试看！想象一下，要是白蚁的体形演化得够大，足以容纳和人类智力相当的大脑，那会是怎样的情况？在你看来，或许这完全是荒诞不经的天方夜谭。昆虫的身体都被外骨骼包覆着，就像骑士的盔甲一样。它们的体形再大，也比老鼠大不了多少，然而光是人脑就比老鼠要大得多。但请等一下！再给我一些发挥空间。如果是在 3.6 亿年前至 3 亿年前的石炭纪呢？那时候在空中飞行的蜻蜓展翅有一米宽，而在煤炭林底层灌木丛穿梭的千足虫则有一两米长。很多古生物学家认为，这些怪物之所以存在，是因为当时地球大气层中的氧气浓度比现在高好几倍，光是这一点就能让身披几丁质外壳的无脊椎动物更容易吸取氧气，长得更大。此外，我们很容易低估昆虫的智能，我最喜欢用雌性缨小蜂（Mymaridae）来说明，其实昆虫没有我们想象的简单。这种寄生蜂体形极小，是从一种水生昆虫的卵里生长孵化出来的。雌

　　　　　　　　　　　　　给年轻科学家的信

性缨小蜂以腿代桨，在水面划动，可借水面的张力行走一阵子。然后她会飞起来，寻找配偶，交配后再返回水面，穿过表面张力层，下潜到水底，寻找一只合适的昆虫，然后在它体内产卵。这一切都是靠缨小蜂体内那肉眼几乎看不到的大脑来完成的。

同样令人惊叹的还有蜜蜂和某些蚂蚁，它们能够记住多达五处发现食物的地方，甚至连一天当中出现食物的时间都知道。非洲一种狩猎蚁的工蚁会单枪匹马到离巢很远的森林深处打猎，尽管它们的旅程百转千折，但它们会记住上方由枝叶与天空交错而成的图案，偶尔停下脚步确定一下自己的位置，等到捕获昆虫，它们便用这幅记忆中的地图找出回巢的直线路径。

昆虫的大脑比这句话结尾处的问号下方的圆点大不了多少，它们是怎么处理这么多信息的？这主要是因为昆虫的大脑构造特殊，单位体积的效率较高。昆虫的大脑中没有神经胶质细胞，这种细胞在大型动物脑中都有（包括人类），是用来支撑和保护脑细胞的。因此，昆虫的大脑在单位体积内可以容纳更多脑细胞。而且，昆虫脑细胞之间的连接，平均来说也比脊椎动物的脑细胞多得多，因此不需要多余的信息分布中心即可增加交流。

如果我说服了你，使你相信古代有可能出现过高智商昆虫，那现在就让我根据今日对白蚁的认识来设想一下，在一颗与地球环境相似的星球上，存在着怎样的白蚁文明。它们的体形比地球上的白蚁大，具有和人类相当的智商，还有其道德和美学。当然，这是科幻小说的情节，但和多数小说不同的是，这完全基于已知的科学知识。

遥远星球上的超级白蚁文明

试想一个犹如吸血鬼的物种，它们回避日光，要是曝晒在太阳下，便会迅速死去。这些白蚁只在必要的时候才会出来觅食，因此只在晚上行动。它们喜爱阒黑暗夜以及潮湿闷热的环境，以腐烂的蔬菜为主食，有些也会在花园里的腐烂植物上种些蕈类来吃。就和地球上的一些社会性昆虫一样，在这颗星球上，也只有蚁王和蚁后才能够繁衍后代。蚁后的腹部因为偌大的卵巢而肿胀，整天就待在寝宫里，除了吃之外，几乎什么也不做。她不断产下成串的卵，偶尔会和身旁娇小的蚁王交配。在蚁后的寝宫里，成百上千的工蚁，好比人类世界的神父和修女，弃绝性欲，无私地奉献出生命，养育自己的兄弟姐妹。少数长成蚁王和蚁后的幼虫会离开蚁巢，寻找自己的伴侣，打造一个新的蚁巢王国。在这个超级白蚁文明中，工蚁还有其他任务，要负责教育、科学与文化等活动。另外还有不少居民是兵蚁，它们肌肉发达，长着一副大颚以及能够喷出毒液的腺体，随时处于备战状态，能够及时参与长期以来蚁巢间不时爆发的战斗。

它们的生活是斯巴达式的，做出任何违法乱纪的行为，不论是私自繁衍，还是攻击同伴，都会被处以死刑。死亡的工蚁，不论死因为何，尸体皆被分食处理，生病或受伤的工蚁也逃不掉被吃的命运。他们几乎完全靠信息素来沟通，散布全身上下的腺体会释放出带有不同口味和气味的分泌物，其功能就如同人类的咽喉和嘴发出声音一样。纳博科夫的著名小说《洛丽塔》开头的那句话以人类的方式来说是这样的："洛—丽—塔：舌尖顺着上腭下滑三次，在齿间轻弹三下。"接下来想象一下，信息素要如何以不同的组合或不同的顺序来表达同样的意思。也许是从沿着体侧的腺体开口分三个阶段释放信息素吧。信息素的音乐，如果翻译成声音，在我们听来也许很美，可以展现出旋律、华彩段、节奏以及强弱，要是由超级白蚁乐团来演出，肯定是首精彩绝伦的交响乐。而这一切都必须通过气味来感受。

由此可以看出，超级白蚁的文化和我们的截然不同，两者之间几乎无法翻译。这个物种自然会发展出其独特的"白蚁精神"，就像我们的人文精神一样。然而，两者的科学发展却可能非常相似，白蚁世界的科学原理和数学应该可以套用到我们的科学中。超级白蚁的科技可能也很先进，而且演进方式也与我们雷同。

我想我们并不会喜欢这些超级白蚁或是其他任何外星智能生命，它们恐怕也不会喜欢我们。双方都会发现，彼此不仅感受不同、想法不同，连道德观也相互排斥。话虽如此，我们还是可以分享科学知识，创造出共同利益。哦，趁我忘记之前，我得提醒你，可不要真的去幻想另一颗星球上的文明，或是那里的动植物群。事实上，我的外星白蚁故事，除了文化部分是我自己杜撰的，其余皆是根据真蚁真事改编，全都是我从非洲建造蚁冢的白蚁身上看到的。

类似的奇观正等着你来发掘。具有普世性的科学知识还有许多尚待发现，其中蕴藏着近乎无限的惊奇。

发现于中大西洋海岭深海喷烟口的新种贻贝和其他生物。修改
自原画。版权所有：阿比盖尔·林福德

第十六封信　寻找地球上的新世界

　　要取得重大的科学发现，不仅要博学，还要有慎思明辨的能力，也就是说，除了对自己感兴趣的学科有广泛认识之外，还要判断其中有何缺漏。长期遭到忽视的部分，若能好好发掘，或许就能成为重大突破的绝佳机会。从知识的角度来说，提出正确的问题，比给出正确的答案更重要。做研究时收获意外发现，无意中解答了先前没有人关心的问题，这种情况很常见。如果想找出前人不曾注意的问题，以及虽然已经提出却尚未解答的问题，得充分发挥想象力才行。这正是最具原创性的科学方法。因此，要特别留意怪异的现象、微小的偏差，以及那些乍看之下微不足道，详加检查后发现非常重要的线索。在浏览手边所有信息时，好好地思索一下，好好利用你碰到的种种困惑与谜团。

　　行文至此，我的重点多半集中在生物学上，这主要因为我是生物学家，但我在此要特别强调，其他科学领域也蕴藏着同样多的发掘潜力。长久以来，我经常和数学家与化学家合作，因此我知道这些领域的科学发现过程是类似的。以有机化学来说，这门学科探索的是自然界里所有可能出现的分子，其范围可说是无止境的，除了各种化学性质之外，后续还要探究每种分子的物理性质以及组合性质。以最基本的碳氢化合物甲烷来说，随着碳元素数量增加，用双键或三键连接，再加上硫、氮、氧、羟基等自由基，它会依条件形成链状、环状、螺旋状或叠合的分子。分子的"物种"数随着分子量的增加而迅速攀升，其速度比指数增长还快。在 2012 年时，已知的有机化合物有 400 万种，每年可以再分析出 10 万多种，远高于生物界已知的 190 万种，以及每年约增加 1.8 万个新种的速度。有机化学以及这个领域里的天然产物化学，主要是在研究分子的合成及性质。生物化学就是从这里发展出来的，主要研究生物体内的化学反应。几乎所有的生命历程和生物构造都来自有机分子的交互作用。若将细胞看成一座迷你热带雨林，那么生物化学家和分子生物学家便是里面的探险者，他们要找出有机的结构、种类和功能，并详加描述。

天文学家的发现之旅也很相似。他们在近乎无限的时空中漫游，寻找并描述星系和恒星系统，描述星球之间和星球之内的物质能量形式。粒子物理学的发展也宛如一场进入未知领域的探险，只不过寻找的目标是物质与能量的最基本单元。

科学的尺度横跨35个数量级，从亚原子粒子一直延伸到整个宇宙，它统治着人类对现实定律的想象。即使我们能够思考的事物多半局限在生物圈内，这里头值得冒险探索的科学研究已然永无止境。地球这颗行星的表面，没有一处不受到生命的影响，就算在最高的珠穆朗玛峰上，也有细菌和真菌等微生物存在。热气流会把昆虫和蜘蛛吹上山，其中一些动物，包括猎食它们的跳虫和跳蛛，生存在接近山顶的斜坡上。而在西太平洋海平面下将近1.1万米的马里亚纳海沟底部，细菌和真菌等微生物也十分兴盛，那里还有鱼类和品种多得惊人的单细胞生物有孔虫。

照理说，地球上应该有一个区域生物种类是最多的。南美洲厄瓜多尔的亚苏尼国家公园就被誉为地球上生物最丰富的地方。这里是壮观的热带雨林区，夹在纳波河和库拉赖河之间。更准确地说，人们相信，这片占地 9 820 平方公里的土地上的动植物物种，比其他任何一块相同面积的区域上的物种都要多。目前的物种名录也显示出同样的结论：在整个园区中，已有记录的包括 596 种鸟类、150 种两栖动物（超过整个北美洲的数量）、10 万种昆虫，而且在园内高地上平均每公顷就有 655 种树（也超过了整个北美洲的数量）。唯一会威胁亚苏尼生物多样性冠军宝座的，只有一些在亚马孙和奥里诺科河流域中尚未经过完整探勘的区域，除此以外没有任何其他地方可与其生物多样性相媲美。

我之所以提起这个地方，还有另一个原因，而且大多数生物学家还没有注意到。亚苏尼国家公园可能是**自古以来**孕育物种最多的地方。从 5.44 亿年前的古生代以来，全球的动植物物种数量一直以十分缓慢的速度攀升。大约 6 万年前，智人在非洲出现并且向全球扩散，这很可能是地球生物多样性最丰富的时代。接下来，则是一次又一次的灭绝，人类活动也开始造成物种数量下降，今日的灭绝速度还在不断加快。目前看来，亚苏尼仿佛独立于人世之外，这就是它特别受到重视的原因。我们对亚苏尼的动物所知甚少，尤其是昆虫，几乎一无所知。希望在人类伸出贪婪之手染指这块乐土以前，我们能够对这里和其他生物多样性极高的类似地点进行全面的考察，弄明白这些地方的生物多样性为何如此之高。

南极的麦克默多干谷则是与亚苏尼完全相反的地方，那里了无生气，就跟火星表面差不多。但这种特殊的贫瘠环境，也值得一探究竟。若只是随意看看，可能会觉得这块土地跟杀菌处理过的培养皿一样，什么生物都没有，然而实际上这里依旧有生命存在，而且是极地冰面生态系统中最简单、最顽强的一群生物。尽管麦克默多干谷地区的氮浓度是地球上最低的，而且几乎没有水分，但那里的土壤中竟然有细菌存在。散落其间的岩石看似没有任何生命踪迹，但仔细一看，会发现有地衣居住在剥蚀形成的狭小裂缝中，这是一群和绿藻共生的微小真菌，它们在岩石表面两毫米下形成了一片生物层。再往里，还有一群岩内生物，包括能进行光合作用的细菌。

麦克默多干谷里散布着冰冻的河流和湖泊，能为周围土壤提供少量水分。水滴和水膜等流动的水中也栖息着少许动物，它们的体形非常小，几乎要靠显微镜才能看到，其中包括先前提过的在纽约市发现的水熊虫，轮虫，以及数量最多的线虫。虽然肉眼几乎看不见，但线虫堪称这片土地上的老虎，位于这个火星般世界的食物链顶端，而它们的"羚羊"就是土壤中的细菌。在某些地方还可见到稀有的螨虫和相当原始的跳虫。在南极所有栖息地中，一共有 67 种昆虫被记录下来，但其中只有少数是独立生存的，绝大多数都寄生在鸟类和哺乳动物温暖的毛皮中。

在我动笔之际，地球上有许多地方的生物探索才刚刚开始。在海洋深处光不可及的黑暗深渊中，有许多高耸的洋脊，穿梭纵横于海底谷地和广袤的平原间，这些都还没有人探索过。许多山头冒出海面，成为海岛和群岛，有些离海面很接近，但仍淹没于水中。海里也有山峰，山峰上覆盖着海洋生物，其中很多是别处找不到的特有物种。目前尚不确定海山的确切数目，估计多达数十万座。想想看吧，人类才了解多少啊！海洋占了地球表面的 70%，其下藏匿着无数失落的世界，若要完整探勘，需要学界通力合作，历经好几代的探险。

我们对地球上的生命所知甚少，有数不清的研究可做，即使你足不出户，也可成为科学探险家。地球生物多样性的调查工作才刚刚开始，我们计划要完成从分子、个体到生态位等各种层级的调查。附表是世界各地各类生物已知和未知的物种数，这正是我认为人类仍不了解地球的原因。表中资料来自澳大利亚政府在 2009 年执行的全球调查。

有机体	截至 2009 年 已知的物种数	截至 2009 年 预计的物种总数
植物	298 000	391 000
真菌	99 000	1 500 000
昆虫	1 000 000	5 000 000
蛛形纲动物	102 000	600 000
软体动物	85 000	200 000
线虫动物	25 000	500 000
哺乳动物	5 487	5 500
鸟类	9 990	10 000
两栖动物	6 500	15 000
鱼类	31 000	40 000

　　根据 2009 年的资料来估计，目前（2013 年）人类已经发现、描述，并给予正式拉丁学名的物种总数约为 190 万，但实际的物种数量，包含已发现和尚待发现的，可能超过千万。要是再加上细菌和古菌这群我们最不熟悉的单细胞生物，数字可能飙升到 1 亿。有人估计过，5 000 公斤的肥沃土壤中含有 300 万个物种，而且我们几乎都不认识。

　　为什么在细菌和古菌界的探索上，科学家并没有取得太多进展？（古菌其实是一群重要的单细胞生物，但目前我们的认知有限，只知道它们长得像细菌，但 DNA 非常不同。）其中一个原因是，目前我们对这些生物还没有一个令人满意的"物种"的定义。更棘手的原因是，不同种类的细菌和古菌，需要的生长条件和养分也大不相同，微生物学家还不知道该如何培养大多数细菌和古菌，因此没有办法产生足够的数量来进行科学研究。所幸，随着 DNA 测序技术的发展，目前只需要少数细胞便能确定遗传密码，如此一来，探索物种多样性的速度势必会大幅提升。

我之所以列出这些生物多样性的庞大数据，并不是要建议你将来从事分类学研究，虽然就目前和未来几年的趋势来看，这倒是一个不错的选择。我其实只是想用这些数字来强调，我们对这颗星球的生命真的认识不多。而物种不过是从分子到生态系统的多层架构中的一级，这样一想，就会发现生物学以及其他一切和生物学相关的物理、化学的研究工作，真的是大有可为。

连物种层级的多样性都认识得那么少，就更不用说了解物种的发展过程、生理机能和生态位了。即使有些通才型的生物学家愿意投注大量心力去研究少数地点的生物多样性，我们还是不知道，差异如此之大的各类物种究竟是如何组合成环环相扣的生态系统的。花几分钟想想这些问题：池塘、山巅、沙漠和雨林的生态系统是如何运作的？是什么在维系整个系统？这些系统在怎样的压力下会崩溃？崩溃过程如何？又是基于什么原因？事实上，目前有许多生态系统正在崩坏。人类能否在地球上长久生存下去，取决于我们能否找到这些问题和其他许多相关问题的答案。时间越来越紧迫，我们需要更多的科学研究，各学科都需要更多的人才投入。现在我要重申一遍在前言中说过的话："这世界非常非常需要你。"

雌性舞毒蛾在信息素作用区的端点释放信息素，形成一片高浓度信息素区域，雄性舞毒蛾会循味而至。托马斯·普伦蒂斯（飞蛾）和丹·托德（性诱剂的信息素作用区）。版权所有：《科学美国人》）绘。修改自《信息素》，爱德华·威尔逊，《科学美国人》208(5)：100–114，1968 年 5 月

第十七封信　理论建构

要解释科学理论的性质，我认为最好的方式是以实际的范例来说明整个理论建构的过程，而不是泛泛空谈。由于科学活动的这个部分多半来自创意，以及个人独特的心智运作，鲜有文字记载下来，所以我将用两个亲身参与的故事，尽量以实际状况来向你说明一切。

第一个例子是"化学沟通理论"。在目前已知的物种里头，只有少数生物使用视觉和听觉沟通，主要是人类、鸟类、蝴蝶和以珊瑚礁为栖息地的鱼类；绝大多数动植物和微生物都靠嗅觉和味觉沟通，这种方式必须用到信息素这种化学物质。在 20 世纪 50 年代研究蚂蚁时，我发现这种高度社会化的昆虫会从身体各个部位释放出许多种物质，而它们传递的信息在动物王国属于最复杂、最精确的。

随着这方面的研究日益增加，大量新资料纷纷出炉，我们这批最早开始研究的学者，觉得有必要将零散的数据整理汇总，找出其中的意义。简而言之，我们需要一个化学沟通的一般理论。

在决定建构理论的初期，我有幸担任威廉·H.博塞特的博士论文共同指导教授，他研究的学科是理论生物学，同时他也是一位杰出的数学家。他在1963年拿到学位后，旋即被哈佛聘任，没过多久就拿到应用数学终身教授职位。他还是研究生的时候，曾和我一起建立信息素沟通理论，那个时机正好，我们的努力大获成功。在我的科学生涯中，没有哪个项目像我和博塞特合作的这个项目一样迅速开花结果。

在开始这个新课题时，我将所知的一切告诉他，解释了所有我知道的化学沟通的基本性质。在这个早期阶段，我们的资料很有限。我告诉他，通过野外和实验室里的研究，我们知道世界上有各式各样的信息素。先从已知的那些信息素着手，进行功能分类，然后再想办法了解每一种的特性，这样做似乎是顺理成章的。我们想要建构的理论，不仅要能够解释多数研究者想了解的信息素分子形态和功能，也要探究其演化过程。简单地说，我们不只想要弄清楚信息素到底是什么物质，以及其运作方式，还想要知道生物为何用这类分子而不是其他分子来沟通。

在说明这套理论之前，让我先厘清"为何"这部分。我们希望这套理论能够解释下面这些问题：信息素分子是完成沟通任务的最佳选择，还是说在演化过程中也出现过其他几种有限的方案，信息素只是被随机选中的那个？要是能够见到它们在空间中传播的样子，信息素所传达的讯息"看起来"会像什么？在每一则讯息中，动物是会释放大量信息素，还是只释放一点点？信息素分子在空气或水中传播得多快、多远，为什么？

下面就是这个理论的要点：**每一种信息素传递的讯息都是经过自然选择筛选出来的。也就是说，经过世代突变的反复实验后，以环境允许的最高效形式传递信息的最优分子占据了优势地位。**让我们假设有个蚁群，刚开始有两个相互竞争的蚁巢。其中一个蚁巢先产生了一种分子，并且以某种方式传播讯息，另一个蚁巢则产生了另一种讯息分子，但是效果较差，或是传播效率较低，或是两种缺点兼而有之。第一个蚁巢的表现比第二个好，因此能产生更多后代，建立其他蚁巢。最后在整个蚁群中，第一个蚁巢的后代会逐渐取得优势，信息素分子或（及）其使用方式就促成了进化。

博塞特和我都觉得可以将蚂蚁和其他使用信息素的生物想象成"工程师"，这种想法很快就让我们想到，蚂蚁会留下一条痕迹来呼朋引伴。下次野餐时（或是在你家厨房的地板上，若房子里有蚂蚁的话），不妨丢一块蛋糕碎屑，看看会有什么事发生。我们可以合理地假设一下：出巢打探的蚂蚁在发现食物之后，会以比较慢的速度留下一条信息素的痕迹，以免一下就耗尽体内所储存的这种物质。这块蛋糕可能离蚁巢很远。以这种功能来看，蚂蚁好比是专门用来跑长途的汽车引擎。要达到这样的效能，信息素（在理论上）必须具有强烈的气味，才能让其他蚂蚁尾随而来。只有少数几种分子符合这样的条件。此外，信息素必须是特定物种专用的，以保证隐秘性——要是其他蚁巢的蚂蚁也能发现这条气味痕迹，对使用它的蚁巢来说可不是件好事。若是被蜥蜴或其他的食肉动物识破，一路尾随而去，甚至可能会危及整个蚁巢。最后一个条件是，这道气味痕迹必须蒸发得很缓慢，好让同伴能够追踪，而且有时间留下它们自己的痕迹。

还有些物质是发出警报用的。当工蚁或其他社会性昆虫遭到敌人攻击，无论是在巢内还是在巢外，它都要有能力大声"喊叫"，好让其他成员快速反应。这类信息素必须能迅速传播，而且还能传送相当远的距离，但也必须很快消散，不然即使是小小的扰动，要是太过频繁的话，也会弄得整个巢穴"虫心惶惶"，就像无法关掉的火灾警报器一样烦人。但是，和前述气味痕迹不同的是，用于发出警报的物质不需具备私密性，这可以让敌人了解，前往一个警报大作、进入备战状态的蚁巢，得不到多少好处。

现在，我要岔开一下话题，介绍一个能让你亲自闻到警报信息素的简便方法。首先，用手帕或其他柔软的布，从花丛里抓只蜜蜂。轻轻搓揉，蜜蜂便会螫刺这块布。由于蜂刺有倒钩，拔出来后，你会看到有刺留在布上，而且蜜蜂的少许内部器官也会被拉出来。用手指捏碎刺和这些器官，这时你会闻到一股类似香蕉的味道，这是乙酸异戊酯，来自蜂刺侧边的小腺体。这些物质便是警报讯号，会吸引其他蜜蜂"蜂拥而至"，群起攻击。接着，如果那只残缺的蜜蜂还没飞走，那就压碎它的头，闻闻那个气味，这时你应该会闻到一股刺鼻的味道，这是第二种警报物质2-庚酮，是由大颚底部的腺体释放出来的。（不要因为杀了蜜蜂而觉得内疚。工蜂的寿

给年轻科学家的信

命只有一个月左右，而且只是蜂巢中成千上万只蜜蜂的一员。蜂巢基本上可说是不朽的，因为定期会有新的蜂王建造新的蜂巢，取代旧的。）

接下来，我们再看看用于"引诱"的信息素，特别是"性信息素"，这是雌性为了交配而用来吸引雄性的物质。性信息素十分普遍，不限于社会性昆虫，放眼整个动物界都可见到这种物质。这种信息素还包括开花植物的气味，花会利用这种气味吸引蝴蝶、蜜蜂和其他授粉者。这类信息素当中最强力的要数雌蛾的性信息素，可吸引到逆风处一公里外的雄蛾。

最后，博塞特和我推测，在我们最初的分组中，应该还有一类用来识别身份的物质。蚂蚁闻到这类物质时，可以区分对方是否来自同一巢穴，这也可以用来识别兵蚁、工蚁、蚁后、卵、蛹或不同阶段的幼虫。随身佩戴这种化学徽章，就像是把信息素当成第二层皮肤。这种识别信息素可能是单一物质，但更有可能是混合物，它必须蒸发得很缓慢，并且只有在非常近的范围内才能侦测到。如果你仔细观察蚂蚁或其他社会性昆虫相互接近时的行为，譬如在同一条觅食路径或回巢的路上相遇，你会看到两只虫用它们的一对触角迅速扫过彼此的身体，其动作之快，肉眼几乎察觉不到。它们是在检查彼此身体的气味，若带有同样的气味，双方就会擦身而过，若是气味不同，可能会打起来，或是仓皇而逃。

研究进行到这一步，博塞特和我跨出了这套"适应性工程"的演化生物学思维，准备进入生物物理学的范畴。我们必须尽量准确地设想出信息素分子是如何从动物体内散播出来的。一股信息素释放出来后，会渐渐往四周扩散，浓度会不断降低，也就是说每单位空间的分子数量会越来越少，到最后会少到闻不到或是尝不出来。根据这一点，博塞特想到了一个至关重要的概念——信息素作用区，也就是信息素分子的浓度足以让动植物或有机体侦测到的区域。他通过建构模型（终于进入纯数学的领域了！）预测了信息素作用区的形状。从这时候起，我们抵达了建构信息素沟通理论的另一个阶段。

蚂蚁或者任何其他会释放信息素的有机体，若是在无风状态下在地面静止不动，信息素作用区的形状会是一个半球体，释放来源即位于半球切面的中心处。如果在叶子或其他悬挂在空中的东西上释放信息素，而且有空气流动，这时信息素作用区的形状会是一个两端变细的椭圆体（大概是橄榄球的形状），释放来源位于其中一个端点，往下风方向释放出

　　　　　　　　　　　　　　　给年轻科学家的信

信息素。若是一条在地面平直延伸的气味痕迹，用了足量的信息素，在经过很长一段时间后还可以侦测到，这样的信息素作用区就会是一个很长的半椭圆体，换言之，像是把一个很长的椭圆体对半剖开之后放在地上。

接下来，我们将注意力转向分子本身的设计。我们推测用作路径和识别气味的物质应该是由大分子或几种大分子的混合物组成的，这样扩散的速度才会比较慢。相对于此，演化过程应该会选出小分子来当警报信息素，这样形成的信息素作用区较小，消散的时间也比较快。信息素作用区的性质取决于五个变量：物质的扩散速率、周围的气温、风速、释放信息素的速率以及接收此物质的有机体的灵敏度。有了这些可测变量之后，理论开始成形，可用于在野外或在实验室中进行的关于动物沟通行为的研究。

然后，我们暂时告别生物物理学，进入天然产物化学的领域，研究信息素分子的性质。这和广泛应用于医药、工业研究的化学相同，而且我们的运气很好，那时候分子分析技术刚好有了重大进展，因此我们得以着手分析信息素。在20世纪50年代后期，又出现了气相层析这项新技术，再加上质谱仪，就可以分析不到百万分之一克的微量物质。以前的化学家需要千分之一克的纯物质，才能做到这件事，现在只需要千分之一的千分之一就够了。这项技术使人得以测量环境中的包括有毒污染物在内的各种微量物质，它还很快和DNA测序技术（同样只需要一小滴血或酒杯上的痕迹）一起让整个法医学改头换面。而对于我们和其他研究人员来说，利用这种技术或许可以判断出昆虫体内的信息素究竟是何种物质。蚂蚁的体重通常在1毫克到10毫克之间，如果哪种信息素只占其体重的千分之一，甚至百万分之一，研究人员还是有机会分析出这类分子的一些特性的。和我合作的化学家可以收集到成百上千的蚂蚁，这不是多伟大的工程，只需要一把铲子和一个桶就好了，这算是研究蚂蚁的一大优势吧！这样不仅能一一分离出可能的信息素，还可以取得足量的样本进行生物测定，也就是将这些样本放入蚁巢，看看是否会引发理论所预测的反应。

在研究信息素的早期阶段，我和生物化学家朋友约翰·劳决定找出红火蚁制造气味痕迹的物质，这个外来种当时在美国南方已造成严重的危害。我们认为要收集上万只甚至十几万只红火蚁，萃取出关键的物质，才能取得足量的信息素。这似乎是可行的，因为每个红火蚁巢约含有20万只工蚁，而且我碰巧知道一个快速且有效的收集方式。这种外来的红火蚁，源于南美洲的泛滥平原，它们有一种独特的方式来抵御水患。当红火蚁察觉到蚁巢下方或附近出现洪水时，它们会带着卵、幼虫和蛹爬到蚁巢表面，同时也将蚁后往上推。当洪水上涨，淹到蚁巢时，工蚁会用身体组成一个筏子，如此整个蚁群便能安全地顺水漂流。接触到陆地后，这艘"方舟"便会解体，红火蚁会开始建新巢。

我想，要是我们挖出一整团包着红火蚁巢的土块，直接丢进附近的水池中，那么蚁群应该会浮上水面，形成一个红火蚁筏，我们就可以趁机捞到一大群，而泥土和残渣则会沉到水底。我们在佛罗里达州杰克逊维尔外的路边尝试了这个方法，结果成功了。我们带回分析所需的 10 万只工蚁（当然不是一只一只地算，只是粗略估计而已），我的手上到处都是愤怒蚂蚁的螫痕，又痒又痛。

回到哈佛大学里约翰的实验室之后，我们着手寻找红火蚁痕迹信息素的实验。刚开始很顺利，关键物质似乎是萜类这种相对简单的分子，而且应该可以解析出完整的分子结构，但接下来却是一连串的挫折和谜团。当化学家试图提纯内含的物质，以便定义其特性的时候，我们在实验室测试红火蚁对每一条人造气味痕迹的反应，没想到它们对这些应该含有信息素的物质没有多大的反应。难道信息素是一种不稳定的化合物？确实有这个可能，我们认为这种化合物无法以当时的设备和材料萃取出来，于是我们决定放弃整个研究计划。为了避免他人重蹈覆辙，我们把整个过程投稿到《自然》这份国际知名的学术期刊上，这份报告是少数几篇实验失败还被刊登出来的文章之一。

多年后，在佛罗里达研究红火蚁信息素的天然产物化学家罗伯特·范德·米尔找到了我们失败的原因。他发现组成气味痕迹的物质其实不止一种信息素，而是多种信息素的混合物，全都由尾部的刺释放到地面上。其中一种吸引痕迹上的伙伴，另一种刺激它们活动，还有一种引导它们通过不断挥发的化学物质所构成的信息素作用区。在野外和实验室，要引发红火蚁的全面反应，上述三种物质缺一不可。当初我们做实验时，压根没想到会有这层复杂关系，只顾着一种一种地测试，因此失败了。

在 20 世纪六七十年代，信息素的研究蓬勃发展起来，成为新兴的化学生态学中的重要领域。研究人员破解蚁巢和蜂巢所用信息素密码组合的准确率大幅提升。事实证明我们的理论是正确的，这一切都是由自然选择打造出来的。然而，我们只处理了生物学的面向，以及独立的自然选择事件，因此我们提出的相关性仅是大致符合事实而已。一些怪异的特例有待进一步的理论解释和实验检测。

从此，我们对生态系统以及其中的动植物、真菌和微生物的复杂相互作用有了全新的看法，而生态研究的理论也随之调整。那时候我们开始明白，还有一个人类完全看不见也听不到的世界存在，那是一个全然不同的感官世界，那里使用的信号存在于空气中、地面上、土壤中甚至是水池里。那个世界由纵横交错的气味组成，用一种我们听不到的语言进行交流、威胁或召唤：

　　靠近时，你可以检查我，我是这个蚁巢的一分子。

　　我发现敌方的探子，快点跟上我！

　　我是植物，今晚开花了，我在这里等你来做客，好好到我家享用一顿花粉和花蜜大餐吧。

　　我是雌性天蚕蛾，如果你是雄蛾，请循着这道气味逆风而上，到我这里来。

　　我是雄性美洲虎，独自待在自己的领土内。如果你闻到这种气味，表示你已经侵入我的地盘，所以快点滚出去，现在就给我滚出去！

通过科学和技术，我们得以进入这个世界，但只是刚刚开始探索而已。只有在更加认识这个世界之后，我们才能获得所需的知识，了解生态系统是如何组成的，然后才能知道该如何保护它们。

现在我希望你对理论的形成与运作有了一定的概念。理论建构的过程可能很混乱，但其最终产物是真实而美好的。以前面举出的化学沟通理论为例，随着各种数据不断积累，我们梦想能破解其含义。发现一个现象后，我们提出假设去解释它的规律和来源，接着想办法检验种种假设。在东拼西凑各种信息时，寻找其中是否有固定的模式，就像拼图一样。如果真的让我们找到这样的模式，这就成了可用的理论，它还可以衍生新的研究课题，推动整个学科研究。如果这条路线进展不佳，而且理论与新发现的事实相抵触，那我们就会调整它；如果真的很糟糕，我们可能就会直接抛弃这个理论，重新建构一个理论。我们迈出的每一步都让科学更接近真相，有时很快，有时很慢，但总是越来越靠近。

给年轻科学家的信

猛犸象，世界大陆动物群中已灭绝的物种。修改自原画。版权
所有：伦敦自然博物馆图片库

第十八封信 宏观视野下的生物学理论

接下来，我想以生物地理学为例，说明理论的发展过程。这门学科主要探讨的是动植物的分布方式，就其全球性的时空尺度来看，堪称生物学中集大成的终极学科，就如同物理学中的天文学一样。在绘制世界各地的物种分布图时，若能再进一步研究物种迁徙与扩张的机制，就等于是将生物地理学提升到另一个崭新的层级，至少这是我十几岁读大学时，从描述性的自然研究过渡到演化过程研究时所产生的想法。我考虑的问题是：是什么样的过程导致了生物多样性的出现？又是什么样的过程造成了今日的物种分布状态？书本上的知识告诉我，凡此种种都不是随机出现的，这两个大问题都可由明确的因果关系来解释。我很早就全心全意投入博物学领域，期望成为昆虫专家，或者政府雇用的昆虫学者、国家公园管理员、教师。后来我非常欣慰：我也可以当个真正的科学家！

第一个启发我的是演化理论中的"现代综合理论"，这个理论主要建构于20世纪三四十年代，它将达尔文原本以自然选择说为主的演化论，与分类学、遗传学、细胞学、古生物学与生态学等现代学科的进展结合在一起。恩斯特·迈尔在1942年发表的综论性著作《系统分类学与物种的起源》（*Systematics and the Origin of Species*），至今仍让我记忆犹新。读到这本书的时候，我可以立即将它应用在我的分类学研究上，进行系统的生物分类。如果你喜欢钻研宝石或葡萄酒等特定对象，某一天突然找到一套理论似乎能够解释所见的一切，你一定能够明白我在发现这理论时的难忘体验。

在哈佛读博士的时候，我又找到了一篇生物地理学的杰作，但它没有受到以前科学家的重视。这是威廉·迪勒·马修所写的《气候与演化》（Climate and Evolution），发表在1915年的《纽约科学院年鉴》（*Annals of the New York Academy of Sciences*）上。马修是著名的古脊椎动物学家，在纽约市的美国自然博物馆担任哺乳动物研究员。他在这篇文章中提出了一套解释世界各地哺乳动物的起源和扩张的宏伟架构。他表示，注定要称霸世界的哺乳动物起源于欧亚大陆的温带，分布范围广阔，大约从今日的英国一直延伸到日本。它们有强大的竞争力，淘汰了先前在同一生态位中占主导地位的生物。不过，先前的统治者并未完全灭绝，在哺乳类尚未入侵的地区，它们仍然蓬勃发展着。若将由欧洲、北亚和北美组成的北方大陆比作车轮中心的车轴，将南方的热带亚洲地区至非洲、澳大利亚以及中南美洲比作车轮的辐条，那么这些优势种便是起源于车轴，通过辐条传播。在此文问世的时代，马修的理论似乎是符合事实的。

马修继续提出，北方的优势种比较强大，是因为它们是在严酷的季节性气候中演化出来的，普遍具有韧性和适应性。这批新一代的胜出者，包括所有欧亚大陆和北美洲上我们所熟悉的动物：鼠科、鹿科、牛科、鼬科，当然还有我们人科。先前的优势种目前仅出没在南部的辐条上，主要是犀牛科、象科和人类以外的灵长类。

在马修的时代，所有的证据似乎都支持这种理论（虽然现在看来不见得如此）。不论它究竟是对是错，我都认为这是有史以来第一个将生物研究放大到全球尺度的理论，将生物学的时空尺度拓展到极限，这就是博物学研究，是我选择的学科！

1948 年，哈佛大学比较动物学博物馆的昆虫学研究员菲利普·J. 达林顿（后来我从他手中接任昆虫学研究员一职）就爬虫类、两栖类和淡水鱼类的起源与扩张给出了一个截然不同的故事，但是和马修的哺乳动物版本同样宏大。他认为这些冷血脊椎动物和马修所讨论的温血哺乳动物有着不同的起源，并不是在温带出现，而是在曾经覆盖着欧洲、北非和亚洲大部分地区的热带雨林和草原中出现的，然后往外扩展，向南延伸到大陆边缘，物种多样性大大降低，往北则扩展到温带地区。新一代化石研究也证明人类并非起源于欧亚大陆，而是来自非洲热带稀树草原。

达林顿对我的影响，可以说要比马修更大，但我认为马修的观点在某个重要的面向上是正确的。在全世界广大的土地上，尽管生态条件迥异，但确实存在着优势种的全球分布模式。

接着又有人提出同样宏大的“世界大陆动物群”（World Continent Fauna）理论，其观点也支持马修和达林顿所发展的整体架构。几千万年来，南美洲和北美洲之间逐渐被广阔的海面隔开，这里如今是巴拿马地峡。这个海域接通了太平洋和加勒比海，将南北两大块陆地隔开。除了蝙蝠之外，没有哪种哺乳动物可以跨越这片广大海域。因此，南美洲和北美洲的哺乳类便开始独自演化。但不论从其外观，还是从其填补的生态位来看，这两大洲的动物群都有相似之处。北美洲有马，南美洲则有和马相似的长颈驼；北美洲有犀牛和河马，南美洲则有箭齿兽和貘；北美洲有象，南美洲则有相对应的闪兽目和焦兽目；其他如鼩鼱、黄鼠狼、猫和狗等动物也多少可以在南美洲的古鬣狗科中找到相对应的物种；北美洲骇人的剑齿虎，在南美洲也有相对应的物种，它们的外表非常相似，但有着关键的差异——北美洲剑齿虎是胎生动物（在整个发育过程中，胎儿都在母体的子宫内），而南美洲的则是有袋动物（胎儿在体外的育儿袋中发育）。

南美洲和北美洲动物群的趋同演化，是陆地上有史以来规模最大的。想象一下，要是可以时光旅行，回到千万年前的南美洲，穿越整个稀树草原，那情景就像今日游客在东非旅游一样：

假设我们回到过去，来到湖边某处，凌晨时分，天

　　　　　　　　　　　　　　　　　给年轻科学家的信

空晴朗，随着太阳升起，渐渐地我们看到整个地平线。那里的植被看来跟现在的热带稀树草原差不多。一头犀牛般的动物破水而入，它的大肚子滑过一片水生植物。岸上有只长得很像黄鼠狼的动物拖着长相怪异的老鼠往灌木丛中走去，消失在树丛里。附近灌木丛的阴影下，有只长得像貘的生物，一动不动地盯着这一切。草丛中突然冲出一只像猫的动物，直奔一群有点像马的动物。它的嘴几乎可以张开180度，露出刀状的犬齿。这群似马非马的动物非常恐慌，往四处逃窜。啊！有只跌倒了……

大约在100万年前，这个独立的野生动物王国就已经消失了，此时距人类到达南美洲还有很长一段时间。相较之下，北美洲大部分与其相对应的动物却一直活着，直到大约1万年前，技巧高超的猎人前来，在整个北美洲大肆猎捕，情况才有所改变。南美洲和北美洲的动物群似乎已各自达到平衡状态，为何南美洲的走向灭亡，而北美洲的动物王国却得以保存？

两者之间明显的生存差异，引起了生物地理学家对于自然平衡问题的兴趣：当两个势均力敌、旗鼓相当的王国正面冲突时，会出现怎样的后果？倘若我们能像神一样，可以跨越时空长期观察，那么执行这场实验最理想的方式应该是这样的：让两个互不相连的区域各自长满适应辐射[1]的动植物，使这两个区域的大部分物种可在另一个区域中找到对应物种，接着再以陆桥连接这两个地区，看看会发生什么事。这些生物接触之后，其中一地的生物是否会取代另一地的生物，让整个地区演变成单一的动植物群？

其实，在相对晚近的地质时代中，曾经出现过这种大规模的实验，我们可以通过比较化石和现生种来推演过去到底发生了什么事。250 万年前，巴拿马地峡浮出海平面，在太平洋和加勒比海之间架起一座陆桥，南美洲的哺乳动物自此可与北美洲和中美洲的动物混合，大陆间的物种可以相互扩张。

生物多样性的变化，在"科"级层面上最容易观测，例如哺乳类的猫科、犬科、鼠科还有人科等。在大陆相通之前，南美洲的哺乳动物共有 32 科，巴拿马地峡出现后不久，增加到 39 科，随后逐渐减少到目前的 35 科。北美洲动物群的变化也差不多，从以前的 30 科，增加到 35 科，最后又降低至

---

[1] 适应辐射（adaptive radiation），一种生物学现象，指动植物为适应环境进化出独特物种。

33科。两边交换的科数大致相同。

综合所有这些信息后，该让另一种理论上场了。当生物学家看到某种扰动造成某种指标上升与回落，无论这指标是体温、烧瓶中的细菌密度还是一块大陆上的生物多样性，他们都会推测这样的系统中存在一个平衡点。北美洲和南美洲的哺乳动物科数最后回归原位，便暗示着这种自然平衡的存在。换句话说，多样性似乎有上限，两个非常相似的主要群体不能在它们各自达到完整辐射演化的环境中共存。仔细对比这两大洲的生态相似性，以及相同生态位的物种所受的影响后，这一结论更加有说服力了。南美洲的大型猫科有袋动物和小型有袋动物都被与其对应的胎生动物取代了。箭齿兽让位给了貘和鹿。当然还是有些高度特化的野生动物能够坚持下去的。食蚁兽、树懒和猴子至今仍在南美洲蓬勃发展，而犰狳不仅在整个美洲热带地区大量繁衍，还成为南美洲开疆拓土的代表，北上攻占了整个美国南部。

大致说来，在大陆相通以后，北美洲的生物在相同生态位物种的较量中占了上风。至少在世界的这个区域，马修的理论是有效的。若是以"属"的数量来看，北美洲的哺乳动物的多样性也提高了。"属"是介于"种"和"科"之间的一层，包含"种"而属于"科"。比方说犬属中包括家犬、狼和郊狼等物种，而犬科则还包括狐属、非洲野犬属和薮犬属等。在大陆相通以后，南美洲和北美洲的属数都大幅增加，之后也仍然维持着这样的数量。在南美洲，原本的属数约为70，到目前为止已经增加到170。增长的数量主要来自从北美洲迁入的哺乳动物，它们抵达南美后，便开始特化和辐射演化。较早存在于南美洲的古老生物，无论是留在南美的，还是抵达北美洲的，都未能出现显著的多样性。所以，目前西半球的哺乳动物整体上带有强烈的北方色彩。在过去250万年间，南美洲有将近一半的科和属是从北美洲迁移过来的。

为什么北方哺乳动物能够胜出？没有人知道确切的答案，因为答案多半封存在保存不甚完善的化石记录中，而古生物学家还不知道在哪里可以找到这些化石记录。北方哺乳动物为何占据优势这个问题目前仍无答案，它属于一个更大的待解决问题的一部分，这个问题关系着我们对世代演替的理解。演化生物学家总会不由自主地回到这一问题，就像有一晚，我在巴西亚马孙河附近的迪莫纳庄园露营，看着周遭来自两块大陆的哺乳动物，心里就忍不住想，到底是什么使生物出现演替和优势？

　　　　　　　　　　　　　　　　给年轻科学家的信

演替在生物学中是演化的概念，最好的定义是，一个物种从诞生直到其所有后代灭绝为止的演变过程。以夏威夷蜜旋木雀（Honeycreeper）为例，它们的演变过程要从其祖先雀类由其他物种演化出来的那一刻开始计算，横贯它们迁徙到夏威夷的整个时期，直到最后一只蜜旋木雀消失为止。

相较之下，优势既是生态概念又是演化概念，最好的测量方法，是看某个物种和其他物种相比的数量，及其对周遭生物的相对影响。一般来说，优势类群的演替时间较长。它们的族群因为够大，在任何地方都不容易灭绝。个体数量越多，就越能扩张领地，进而增加族群数量，如此一来，族群所有成员同时灭绝的可能性就会大幅降低。优势类群往往能够抢在竞争对手之前占据地盘，如此可进一步降低物种灭绝的风险。

由于优势类群跨越陆地与海洋，分布得很广，往往会分化成多个物种，以适应不同的生存条件，因此优势类群很容易发生适应辐射。高度分化的优势类群，比如夏威夷蜜旋木雀与有胎盘类哺乳动物，平均而言会比单一物种更具缓冲能力。这纯粹是概率问题：高度多样化的群体更能平衡它们的生存投资，因此比较有可能持续发展下去。就算其中一个物种灭绝了，生活在不同生态位的另一个族群也可以继续传宗接代。

　　事实证明北美洲的原生哺乳动物要比南美洲的更具优势，而且物种分化的程度也比较高。历经 200 多万年的相通后，它们为自己赢得了一片天地。古生物学家为了解释这种不平衡，建构出一个符合大多数现象，而且比较接近演化生物学的理论，也就是一个大致上能够符合最多事实的理论。他们指出，北美洲与南美洲的动物群并非各自独立的，而且两者之间也没有截然不同的差异，它们依旧是"世界大陆动物群"的一部分，而"世界大陆动物群"不仅包含新世界的南北美洲，还包含了欧亚大陆甚至非洲。世界大陆是迄今为止地球上出现过的两大陆块之一，这块土地上已经实验过许多条演化路线，培养出了极具竞争力的物种，还强化了物种御敌和抗病的能力。这样的优势让其演化出的物种在面对竞争时经常能够胜出，或是以偷偷挤占的方式赢得一席之地，就像浣熊和成群结队打猎的野狗那样，其中很多物种会伺机进入先前已经被占据的生态位，然后迅速适应辐射，占据整个地盘。无论是正面竞争还是乘虚而入，世界大陆的哺乳动物都能获得优势。

　　　　　　　　　　　　　　　　　　　给年轻科学家的信

这个最初由马修和达林顿构思出的宏大理论才刚刚开始接受检验，不论是对是错，实证研究是否支持，光是能将古生物学以别出心裁的方法和生态学、遗传学结合起来，这样的研究本身就是十分了不起的突破。这种综合理论将随着生物多样性研究的发展，扩展到其他学科和其他层级的生物组织，跨越更长的时间尺度。如果你对动植物本身感兴趣，特别是喜欢史诗和世界的冲突，你就可以在这个领域找到一席之地。

1968 年 3 月 19 日，作者在佛罗里达群岛一个鱼鹰巢穴中鉴定昆虫。丹尼尔·辛伯洛夫拍摄

第十九封信　现实世界中的理论

　　也许你会觉得，在累积了那么多的事实和理论之后，科学变得庞大而复杂，已成为难以入门的行业。也许你会担心，多数研究和应用的机会早已被占据，剩下来的位子想必竞争更为激烈，而且绝大多数重要课题都已经被提出并得到解决。你要是这么想，就大错特错了。我这一代研究人员和其他前辈确实完成了很多工作，但他们并没有挡住你向前走的每条道路，也尚未探索完所有未知的世界。相反，他们还为后人开辟了新的领域。在科学中，每个答案都会带来更多问题，我个人对此深信不疑，而且我认为新问题的数量是呈指数增长的，也就是说，科学中每找到一个答案，就会发现**多上几倍**的新问题。情况向来如此，甚至早在牛顿对着阳光举起棱镜之前，早在达尔文思考加拉帕戈斯群岛的达尔文雀的变种之前就是如此。

牛顿的一句名言，很适合给未来的科学家参考："如果我看得比别人远，那是因为我站在巨人的肩膀上。"现在就让我告诉你一个关于肩膀和巨人的故事。

这故事可以从好几个地方切入，我决定从 1959 年 12 月 26 日的美国科学促进会年会开始讲起。那次年会在华盛顿特区召开，有个朋友把我介绍给罗伯特·H. 麦克阿瑟。那年麦克阿瑟 29 岁，我则是 30 岁，算是比较年轻的一辈，我俩都野心勃勃，都在寻找重大突破的机会。麦克阿瑟非常优秀，年纪轻轻就发表了几篇原创性的研究，大家公认他是理论生态学界的明日之星。他是个狂热的博物学家和鸟类专家，此外，他的数学能力也相当杰出（这点在我们的故事中很重要）。瘦骨嶙峋、面容严峻的他，随时随地都散发出一种强烈的讯息，仿佛是在发出警告："笨蛋别接近我！"他不是那种会和人勾肩搭背、谈笑风生的人，虽然我们合作过很长一段时间，但我从来没有和麦克阿瑟成为亲密的朋友。今天回顾过去，我想我们从来没有停止过暗自估量对方究竟有多大本事。

他在耶鲁大学的导师乔治·伊夫林·哈钦森是我这个故

事中的第一个巨人，他将生态学引进演化生物学的现代综合理论，指导过的学生都非常杰出。在他的带领下，麦克阿瑟成绩斐然，将生物群落的竞争和繁殖率演化等复杂的生态过程简化成可以分析的数学式。十年后，在相对于其他人而言非常年轻的时候，我们俩同时获选为美国国家科学院院士。1972年，麦克阿瑟正值创造力的高峰期，却因肾癌辞世，科学界没能等到他的未来，实在是个巨大的损失。

在20世纪60年代初期参加会议时，我们都看出生态学和演化生物学有潜力融合为一门学科，不论是理论发展，还是野外研究，都充满了创新的机会。将生态学和演化生物学相结合的想法，最初其实是由哈钦森提出的，不过我们还有另一个强烈动机，想要将其发扬光大。20世纪60年代，分子生物学和细胞生物学的革命正如火如荼地展开，20世纪的下半叶显然会成为它们的黄金年代，也可说是科学史上最大的转型期。分子生物学和细胞生物学发展得相当迅速，因为它们带来了许多难能可贵的创新机会，这反过来促进了它们的发展，而且其研究和医学有密切关联，因此得到了大量经费补助。

麦克阿瑟和我当时心里都很明白这个情势，也预料到这将对科学界造成一些负面影响，我们所属的生态学和演化生物学的空间会被挤压。我们没有可以媲美分子生物学和细胞生物学中 DNA 双螺旋结构的东西，与物理及化学也没有直接的关联。1962 年，蕾切尔·卡森出版《寂静的春天》，催生了现代环保运动，使相关项目获得了与医学项目同样丰富的经费来源，但这类资助在当时只是刚刚起步而已。直到 20 世纪 80 年代，保护生物学和生物多样性研究等新兴学科才陆续出现。

此外，除了群体遗传学和一些非常抽象的生态学原理之外，我们几乎没有什么概念能以那些成熟的自然科学中的方式整合起来。分子生物学家和细胞生物学家逐渐占据多数研究型大学的教职，个体生物学和种群生物学则无人问津。在校方的判断中，支持我们这种过时的学科，根本不能指望有什么成果。那时的生物学界似乎已决心往物理和化学的方向倒去。并不是说新生代生物学家认为旧有的基础不重要，而是他们希望找到更好的研究机会。当时，麦克阿瑟与我，还有其他年轻的生态学家也可以改走这条路，但后来证明这不是一条好走的路。

当时，我是哈佛唯一拿到终身教职的年轻学者，但是处境日益艰辛，我所在的系后来还改名为"有机与演化生物学系"。系里其他年长而杰出的成员，不是埋首于浇灌个人的学术花园，就是孤傲地无视外界威胁，拒绝承认分子生物学铺天盖地而来这个事实。

在这群不问世事的大佬当中，最极端的例子要数享誉盛名的乔治·盖洛德·辛普森。他正是我故事中的第二个巨人。他是古脊椎动物学的世界级权威，也是现代综合理论的创造者之一，曾经勾勒出世界各地动物群演化和迁徙的绝佳图景。他离群索居的独特生活也很传奇。他来哈佛任教时年事已高，而且健康状况不佳，不久前还在亚马孙被倒下的树绊倒，弄瘸了腿，因此一直都待在比较动物学博物馆深处的办公室里独自工作。有一天麦克阿瑟来生物系拜访，我帮他约了辛普森会谈，心想这可是一场跨世代的顶尖头脑交流。我带着麦克阿瑟进入这位传奇人物的办公室，留下他们独处，以免打扰他们谈话（反正稍后应该可以从麦克阿瑟那里打探到一切）。我回到办公室待了还不到 15 分钟，麦克阿瑟就出现在我门口："他几乎一句话都没说，他根本拒绝开口。"

不过，在我看来，辛普森的沉默寡言，以及对哈佛生物系内师资失衡的冷眼旁观，其实在某种程度上催生了"演化生物学"一词。1960 年，生物系的生态学和演化学教师，在研究资源和经费上几乎弹尽粮绝，在敌众我寡的局势下，大家决定成立一个委员会，来统筹我们的工作。第一次开会时，我很早就到了会议室，不久后辛普森也来了，就坐在我对面（依旧是沉默不语），等待其他的同事。

"我们该怎样称呼我们的学科？"我冒昧地开口问道。

"不知道。"他回答。

"'真正的生物学'听来如何？"我继续说，试图展现一下自己的幽默，他则继续沉默。

"完全有机体生物学？"还是没反应。无所谓，反正这些名称听起来实在不怎么样。

我停顿了一会儿，然后说："你觉得演化生物学怎么样？"

"我觉得可以。"辛普森终于开口了，但也许只是要让我闭嘴。

委员会的其他成员陆续抵达了。在讨论完所有议题后，我趁机发言："辛普森和我都认为'演化生物学'可以代表我们整体的研究主题。"我提出了刚刚灵机一动想到的名称。

辛普森不发一语，所以我们这个小组就成了演化生物学委员会，后来这还成了学系的正式名称：有机与演化生物学系，这门学科的名称就是这样出现的，我还没听说过其他学校也有同样名称的系所。如果以前有其他地方提出过同样的名称，只是我没有听说过，那这里至少也是让演化生物学这个名称发挥最大影响力的地方，而且还是在最需要它的时候。

嫉妒和不安也是驱动科技创新的力量，所以如果你也有这样的倾向，请不用担心，这不会造成什么伤害。麦克阿瑟和我认识到，现在被我们称为演化生物学的这门学科，以及它量化程度较高的分支种群生物学，需要能与分子生物学和细胞生物学相抗衡的理论，所以我们开创一个新理论的欲望更强烈了。我们需要将理论量化，明确检验各种由理论激发出来的想法，并且与现实世界中的现象紧密相连。在我们过去的研究工作中，很少出现这样卓越的标志，现在是时候聚精会神地追求这些目标了。

我对麦克阿瑟谈起过去前往世界各地岛屿调查的情形，以及这些野外调查资料在探讨物种形成和生物地理分布的关联时起到的作用。我看得出来，这庞大复杂的主题并没有打动他，倒是我绘制的物种区域曲线图让他很感兴趣。这些图简单显示出岛屿面积（以平方英里或平方公里表示）和岛上物种的数量，主要是西印度群岛和西太平洋的群岛，调查的物种以鸟类、植物、爬虫类、两栖类及蚂蚁为主。从图上可以清楚地看出，在群岛环境中，各岛屿的面积和其物种数量呈现比例关系，增加的幅度约是面积比例的四次方根。也就是说，若群岛中的一座岛屿是另一座的 10 倍大，那这座岛上的物种数量约是另一座的 2 倍（10 的四次方根约为 1.78）。我们也观察到，离主岛较远的岛屿，其上的物种数量比近处的岛屿少。

接着我谈到了"平衡"，我认为其意义是近处和远处岛屿之间达到"饱和"的状态。麦克阿瑟要我给他一点时间，好好想想这层关系。我相信他一定会有所斩获，先前我见识过他将复杂的系统简化的本事。

不久后，麦克阿瑟就写了封信给我，提出下列的假设：

假设刚开始岛上空无一物，随着物种进驻，从其他岛屿移入的物种就会越来越少，因此迁入率降低。此外，由于岛上占满了物种，变得越来越拥挤，因此每个物种的平均族群规模变小，这使得物种灭绝率上升。因此，随着岛上逐渐占满物种，物种迁入率下降，灭绝率上升。这

　　　　　　　　　　　　　　　　给年轻科学家的信

两条曲线的交会处，也就是物种灭绝率等于迁入率之处，就是物种数量的平衡点。

他继续写道，岛屿面积越小，物种拥挤的问题就会越严重，因此物种灭绝速率曲线的曲度较大。越远的岛屿，移入的物种越少，移入曲线的曲度就比较小。在这两种情况中，平衡状态下的物种数量都比较少。

1967 年，麦克阿瑟和我动笔写了《岛屿生物地理学理论》（*The Theory of Island Biogeography*），将我们能找到的所有相关数据，不论是生态学、群体遗传学的还是野生动物管理学的，都套入这个简单的数学模型里。这本书对相关学科影响甚巨，至今都还有相当的影响力，在往后数十年中，此书对于保护生物学这门新学科的创立也起到了一定作用。还记得我之前强烈建议你的"一号原则"吗？这就是一个再好不过的范例：研究时尽量明确问题，若有需要的话，选择一两个合作伙伴来解决这个问题。

即便如此，对于这样的成果，我还是不甚满意。纵然我们阐明了其中的过程，但是要如何才能检验这样的理论呢？我们所设想的平衡状态可能需要数百年才会达成，要怎样在古巴、波多黎各和西印度群岛的其他岛屿进行这样的实验？没有办法。于是，我们转向了比较容易处理的系统。你可能还记得我在先前信中提过的"五号原则"，即每一个问题都对应着一个适合解答这个问题的系统。在生物学中，这样的系统通常是特定的物种，例如大肠杆菌就适合用来解决分子遗传学的问题。我在往生物组织中较高层级的地方探寻，我需要一个理想的生态系统。

我受到两股强烈的欲望驱动，一来是我很想去岛屿上做研究，不管找什么理由；二来是我希望在生物地理学中做出一些全新的事情。我想，要是我选对生态系统，找到一个小到可以操纵的系统，也许两个目标都可以达成。

然后，答案自己出现了——昆虫，也就是我的专业。它们的体形和早期生物地理学所研究的哺乳类、鸟类或其他脊椎动物相比，几乎小到看不见。它们的重量只有几毫克，甚至更轻，而脊椎动物的体重则要以克甚至更大的单位来衡量。在小岛上，它们为数甚多，可以在相对较短的时间内生存、繁殖好几个世代。如此一来，就不需要像研究鸟类和哺乳类那样，只能在古巴、巴巴多斯和多米尼加这样大小的岛屿上进行研究，世界各地有成千上万个面积不到一公顷的小岛可以用。我想，昆虫、蜘蛛和其他几种无脊椎动物或许会以某种方式发生改变，如此便可测量它们的迁入率和灭绝率。再根据这些数据来设计多种测试去验证假设，评估这套理论本身，运气好的话，或许又能发现新的现象。

一个全新的世界在我的想象中展开了。我认为小岛便是完美的生态系统模型。现在我需要找出实验地点，它必须是一片大小殊异、远近不同的岛屿。这样理想的小型群岛会在哪里？我仔细扫视美国东部大西洋一带和南部墨西哥湾沿岸的地图，从缅因州陡峭的岩岸与波士顿港口一路看到卡罗来纳州、佐治亚州、佛罗里达州和整个海湾西部的岛屿，这些地方离哈佛都只有一天的路程。没过多久，我决定选择佛罗里达群岛和佛罗里达湾众多的热带岛屿作为实验地点。

要进行能够产生科学界所谓"可靠"结论的实验，我必须先清空小岛上的所有昆虫，从零开始。我注意到佛罗里达群岛最外围的干龟群岛，那里长年遭受海浪拍打，除了末端的杰弗逊堡岛之外，几乎荒芜一片，只有几丛植被、少数几种昆虫与其他无脊椎动物。这么简单的环境有一个优势，当飓风扫过，上面所有的生命都会被一扫而空。

1965 年，我带了一群研究生到干龟群岛探勘，记录了几座岛屿上所有植物的位置，以及找到的各种昆虫和其他无脊椎动物等物种。等到 1966 年的飓风季节，在两个飓风经过干龟群岛之后，我们随即回去勘察，果然小岛几乎完全裸露，找不到什么植物和陆生动物了。

最大的问题似乎已经解决了，但这时候我开始怀疑干龟群岛不是很好的选择。我认为若要进行具有长久价值的高质量实验，也就是方便别人重复验证的实验，我需要一个更好的实验室。我想要找更多的岛屿，而不只是干龟群岛。我需要找一个地方，能由我自己来搬迁物种，而不必依赖随机的气候事件，最好还能够有控制组，也就是找到另一个和实验地点极为相似的岛，除了不把动物迁走之外，皆以相同的方式来处理。总之，我还需要更多生物，干龟群岛的动物群太少，生态系统的寿命太短，动植物群经常因随机事件而减少。我得找到干扰较少、动物群较复杂，并且具有典型自然生态系统的岛屿。

在告诉你我如何达成目标之前，先让我岔开话题，再次提醒你先前所强调的重点：成功的研究并不取决于数学能力，甚至不需要精通整套理论，关键是要选出一个重要的问题，并找到方法来解决它，即使在初期阶段不尽完美。很多时候，野心再加上开创精神会胜过聪明才智。

　　我一心一意要解决这个生物地理学的问题，对于要研发新技术来克服这个挑战也兴奋不已。最后我终于在佛罗里达湾找到一些长着红树林的小岛，它们被称为万岛群岛，正是我所需要的，就在干龟群岛的北边。海湾北端的小岛为数众多，真的是名副其实的万岛群岛。在十几座岛屿上移除无脊椎动物，并不会对整个佛罗里达湾的红树林生态系统造成太大的伤害，而且很快就会复原。

　　这时，我找来数学能力很强的研究生丹尼尔·S.辛伯洛夫一同合作。又一次，我选对了合作伙伴。就像与麦克阿瑟一起工作一样，辛伯洛夫的数学能力和我的博物学研究搭配得天衣无缝。从这时起，在面对未知挑战时，我们更像是并肩作战的伙伴，而不是师生。就这样，我们循序渐进，找出了可以在不破坏树木和其他植物的情况下移除红树林小岛上所有无脊椎动物的方法。我就不在这里赘述诸多失败的尝试和错误的起头了，总之，后来我们想到一个简单有效的扑杀方法——直接请杀虫公司在每座岛上支起帐篷，然后放药熏蒸。这件事说来轻松，做起来可没有那么容易。我们组成的团队必须想出如何在浅海区正确地搭建框架，确定合适的杀虫剂种类和用量。我们必须走在胶状的淤泥中，还得说服工人相信涨潮时游过来的那些鲨鱼是不会咬人的品种。

此外，还有一项很重要的工作。为了精确地鉴定物种，辛伯洛夫和我还得建立一个咨询网络，网罗各类无脊椎动物专家，这些无脊椎动物包括甲虫、苍蝇、蛾类、树虱、蜘蛛和蜈蚣等。

对物种迁入和灭绝的情况监测两年之后，我们发现物种"重新定居"的状况与平衡模型吻合，辛伯洛夫也利用部分工作成果完成了博士论文，这着实让我松了一口气。在观察重新定居的过程中，我们学到了很多，我觉得这一趟从理论到实验的冒险，是我整个科学生涯中最让我心满意足的经历之一。

我希望你在自己的职业生涯中，也能遇到这样的机会，而且你也像辛伯洛夫和我一样，敢于冒险尝试、放手一搏。

美国国家科学奖章

第五编

真理和伦理

第二十封信　科学伦理

行文至此，我能给你的建议差不多告终了。最后我想告诉你，在研究和发表过程中，什么样的行为举止才是合宜的。

在你的研究生涯中，不见得会直接面对该不该创造人造生物，或者是否继续用黑猩猩做外科手术实验这类涉及哲学的问题。你最可能需要做的伦理决定，在于如何与其他科学家相处。努力进取固然是好事，但是它除了让你面对失败的风险，还会带来其他困境，迫使你进入竞争的舞台，而你可能还没做好上场的心理准备。你可能会发现自己选择了和其他人相同的跑道，你会担心他们的设备比你好，或是经费比你多，可能比你抢先抵达终点。好几个研究者同时踏进一个重要的新领域时，刚开始通常是令人兴奋的合作黄金期，但在稍后的阶段，随着不同的研究团队跟进，难免会产生竞争或是嫉妒。你要是成功的话，会同时面对温和与无情的竞争对手，会有一些流言，还会有些不欲人知的秘密流传开来。这没什么好大惊小怪的，就跟商业界一样，竞争者都会努力在市场上痛宰对手，难道我们应该期望科学家可以幸免吗？

容我再提醒你一次，原创发现是最有分量的。说得更直接一点：**只有原创发现才算数**。原创发现是科学界的金银岛。因此，如何适当地划分功劳，不仅是道义责任，也是信息自由交流和维持整个科学界友好气氛的关键。研究人员都期待自己的原创研究被认可，就算不是举世皆知，至少也要在自己的领域中获得名声，这完全是合情合理的。我还没遇到过一位科学家不会因为晋升或是原创研究得奖而高兴的，欣喜若狂反倒更为常见。正如詹姆斯·卡格尼在谈到他的演艺生涯时所讲的："你究竟有多棒，要别人说了才算数。"

躲在隐蔽的实验室里潜心研究的伟大科学家是不存在的，所以在阅读和引用文献时，请小心谨慎，将每一项发现、每一个想法都归功于应得的人，并要求他人也做到这一点。让研究人员实至名归，这件事情意义非凡。不过，在科学奖项或其他被人认可的形式中推举同行的利他行为，在科学家之间比较少见。即便如此，也不必因此退缩，还是可以试试看。换个角度想，如果你甘愿把奖项让给对手，尤其是你不喜欢的人，还冒着名声被抢走的风险，那你真的是拥有高贵的品行，没有人会对你抱有这样的期望。所以，提名的事情还是交给别人吧！你只要鼓起勇气，表达祝贺之意就好。

你难免会犯错，但尽量不要铸成大错。无论犯下什么过错，都要勇于承认，然后敞开心胸继续往前。如果在报告或结论中犯错，只要公开更正，都会被原谅（目前至少有一个知名期刊特别增设了勘误专栏）。只要谦虚行事，并且在声明中特别感谢提出证据和推论出你犯错的科学家，完全撤回自己发表的结果并不会让你永世不得翻身。但千万不要造假，这是绝对不会被原谅的，造假无异于给你的专业判死刑，你将会被科学界放逐，再也得不到他人的信任。

若是对结果不太有把握，那就再重复一次实验。要是没有足够的时间或资源重做，那就放弃整个计划，或是交给别人去执行。如果你只对事实的一部分有把握，但不确定结论下得对不对，那让证据来说话就好。万一你没有机会或资源来确认或重复你的实验，那就大胆使用带有不确定性的字眼："似乎""看来""恐怕""也许是""概率较高""相当有可能"。若你的研究项目很有价值，自然会有别人去确认或是反驳，如此一来所有参与的人都能分享这份功劳。这并不是敷衍了事，而是良好的专业操守，忠于科学方法的核心。

最后，别忘了，你之所以投身科学生涯，是为了追寻真理。你留给世人的科学新知，不仅可以不断扩充，还能被明智地使用，而且这是一份可验证、可整合到整个科学体系里的知识和信息。这样的知识本身从来都不是有害的，但历史无情地证明，如果被意识形态扭曲或滥用，它也很可能产生致命的危害。如果你觉得有必要，那就挺身而出，在你专精的范围内，我相信你可以发挥非常有效的功用，但千万不要辜负科学赋予你的使命。

致　谢

正如我以前的许多书一样，衷心感谢我的经纪人约翰·泰勒·威廉姆斯和我的编辑罗伯特·韦尔的指导和鼓励。我还要感谢我的助理凯瑟琳·霍顿专业而辛勤的付出。